高等学校通识教育教材

绍兴文理学院新形态教材出版基金资助

黄酒文化概论

彭　祺　戚一冬　主编

中国轻工业出版社

图书在版编目（CIP）数据

黄酒文化概论 / 彭祺，戚一冬主编. -- 北京：中
国轻工业出版社，2024. 11. -- ISBN 978-7-5184-4448
-9

Ⅰ. TS971. 22

中国国家版本馆 CIP 数据核字第 2024J5N215 号

责任编辑：江　娟　　责任终审：劳国强

文字编辑：狄宇航　　责任校对：晋　洁　　封面设计：锋尚设计

策划编辑：江　娟　　版式设计：砚祥志远　　责任监印：张京华

出版发行：中国轻工业出版社（北京鲁谷东街 5 号，邮编：100040）

印　　刷：艺堂印刷（天津）有限公司

经　　销：各地新华书店

版　　次：2024 年 11 月第 1 版第 1 次印刷

开　　本：787×1092　1/16　印张：10.25

字　　数：197 千字

书　　号：ISBN 978-7-5184-4448-9　定价：38.00 元

邮购电话：010-85119873

发行电话：010-85119832　010-85119912

网　　址：http://www.chlip.com.cn

Email:club@ chlip.com.cn

编委会

主　　编：彭　祺（绍兴文理学院·黄酒研究院）

　　　　　戚一冬（绍兴市教育局）

副 主 编：谢广发（浙江树人大学·绍兴黄酒学院）

　　　　　钱　斌（绍兴黄酒集团·古越龙山股份公司）

　　　　　潘兴祥（浙江塔牌绍兴酒有限公司）

　　　　　杨国军（会稽山绍兴酒股份有限公司）

参编人员：周建弟（国家黄酒工程技术研究中心）

　　　　　毛青钟（会稽山绍兴酒股份有限公司）

　　　　　王　兰（国家黄酒工程技术研究中心）

　　　　　杨欣怡（绍兴文理学院）

　　　　　孟　凯（绍兴文理学院）

　　　　　李姗姗（绍兴文理学院）

　　　　　黄佳欣（绍兴文理学院）

主　　审：傅建伟

序

　　一千六百年前永和九年的那场醉，给世人留下了两大宝贵的遗产：一个是世代传颂的不朽文字"兰亭序"；一个是千古流芳的绝世佳酿"绍兴酒"。当今天的我们以朝圣的心境走进兰亭，走进王右军先生的府第，我们似乎还能够闻到那股不绝如缕的墨韵酒香，那是从一弯潺潺碧溪当中一路蜿蜒而至，汩汩流淌出来的绍兴酒香，醇厚绵长，恰似一曲芳醇甘美的歌谣，让世人醉了一千六百多年，至今未醒。这缕穿越时空踏歌而来的悠远酒香远不止一千六百年。早在六千至七千年前，当美索不达米亚的人们啜饮大麦酒（啤酒的前身），古波斯人拉开了葡萄种植和酿造的序幕时，在古老的东方，中国长江流域良渚文化和河姆渡文化时期的先民们，也开始品饮起一种后来演进为"黄酒"的华夏饮料——正是包括绍兴酒在内的酒史汇流，方构成了一部人类酒文化的恢宏文明史。当古越先民们自觉用粮食酿制出第一坛酒时，我们的酒文明就开始了。从此，那一脉浓郁的芳香便汩汩而来，一路濡湿了一部中国通史，流成了今日绍兴一个偌大的黄酒产业。

　　本书突出了知识性和实用性。既可作为相关领域从业人员的参考用书，也可作为专业院校的课程教材。希望此书能够被传阅给更多热爱"国粹"黄酒的人，推动黄酒文化和酿造技艺在传承的基础上持续创新，推动中国黄酒实现伟大复兴。

原国家黄酒专家委员会主任

中国酒业协会黄酒分会理事长

傅建伟

2024 年 6 月

前　言

关于文化的定义，据说有几种版本，从广义而言，比较统一的说法是，文化就是人类创造出来的全部物质和精神财富的总和，而酒恰恰是物化了的精神饮品，其本身就具有物质和精神的双重属性。酒，不仅仅是一种与人类同生共长的别样文化，也可以说是人类历史文明进程的参与者和见证者，甚或是人类进入文明时代的重要标志。

黄酒，在历史长河中是一种别样文化的存在，其别样性至少体现三个特点：一是在重大历史事件或故事中，从来没有正面描述过黄酒，但黄酒从来没有缺席过，它无处不在；二是在一些没有黄酒的重大事件或故事中，我们总觉得缺了点什么，显然，有黄酒的历史故事更加鲜活灵动；三是在人类文明进程中，黄酒似乎从来不是主角，但往往胜似主角，屡屡创造"无心插柳柳成荫"的神奇。

绍兴文理学院酿酒工程专业是我国普通高等院校第一个以培养高层次应用型黄酒人才作为办学特色的本科专业。本书初稿曾作为讲义试用，在教学过程中，编者根据实际需要与教学的系统性，对讲义进行了修改。本书可作为食品专业及其他专业选修教材，也可供广大饮酒及酒文化爱好者阅读。本书在编写过程中得到浙江省绍兴市越文化研究员钮刚老先生的指正；绍兴市鲁迅小学教育集团彭靖轩同学完成了音乐制作工作；绍兴文理学院杨欣怡老师、研究生吕夙婉、研究生汪菲杨完成了校对工作。在此一并表示感谢！

由于编者水平有限以及时间仓促，书中难免有不妥或错误之处，敬请广大同行和作者批评指正。

编者

2024 年 3 月

目录

第一章

追本溯源　一醉千年

在波澜壮阔的中华文化历史长河中，酒和酒文化是其中一条耀眼夺目的支流，更是推动其他文化发展融合的重要源泉和力量。

酒，最早见于商代后期的甲骨文，它的字形看上去像是一个盛酒的容器，并加上了一些符号表示酒液。后来，从甲骨文、金文到篆书，再到楷书，最终形成了今天的"酒"字，这一漫长的汉字体演变过程体现了酒的历史源远流长。

视频：黄酒起源于什么时候？

"酒"的字体演变

青铜礼器酒具——爵

视频：绍兴黄酒何以名闻天下？

《汉书·食货志》有云："酒者，天之美禄，帝王所以颐养天下，享祀祈福，扶衰养疾。"由此可见，自古以来，酒不仅属于物质生活，更是融于人们的精神生活之中，给中国人的生活带来了无限乐趣，推杯换盏之间，演绎无限风情。由于中国酒的生产历史悠久，生产原料丰富，生产技术多样，因此，在世界酿酒史上，中国酒更是独树一帜。其中，黄酒早在商周时代就已产生，它起源于中国，独属于中国，是酒文化历史长河中的一颗璀璨明珠。

酒为何物？从何而来？这个问题的答案，人类从未停止过追寻的脚步。关于黄酒的起源，众说纷纭。古人虽不能给出科学合理的解释，但他们丰富精彩的想象力，为后人留下了一个个动人美丽的传说。

第一节　黄酒起源说

黄酒源于何时，又始于何人？综合各方之说，观点主要可以分为以下四种。

（1）仪狄造酒说　战国《世本·作篇》云："仪狄始作酒醪，变五味。"历史上有

"禹绝旨酒"的故事，《战国策》记载道："昔者，帝女令仪狄作酒而美，进之禹，禹饮而甘之，遂疏仪狄，而绝旨酒。曰：'后世必有以酒亡其国者'。"仪狄受"帝女"的吩咐酿酒，等酿出美酒后，将酒进献给了大禹，大禹尝过之后，觉得很甘美，但他却道"后世必有以酒亡其国者"，所以就疏远了仪狄，甚至下旨不让喝酒。结合齐桓公的故事，把"酒"与"味"当亡国的原因，是怕君主贪恋美酒，间接可见其受人们喜爱的程度之深。

视频：黄酒的最早文字记载

（2）杜康造酒说　《世本·作篇》云："杜康造酒。"关于杜康造酒流传着三种传说。一是，杜康生活在黄帝时期，在这个时期，粮食丰收后需要人专门管理，杜康就是这个管理粮食的人。在收成很好的时候，把多余的粮食贮藏在山洞里。但山洞阴暗潮湿，粮食往往很难保持新鲜而慢慢腐烂。作为管理粮食的人，杜康怎么会对此不管不顾，他开始想办法，在散步时见到枯死大树的躯干里空荡荡的，便试着将粮食倒进去，多日后杜康再来看时，惊奇地发现树干周围晕倒了很多

视频：黄酒是谁发明的？

动物，并观察到大树躯干里有水涌出。杜康尝了尝，觉得味道清洌，带回去给黄帝品尝。在这个传说里，贮藏粮食与猿猴贮藏果子的手段极其相似。二是，杜康是周朝的牧羊人，因为牧羊的缘由，杜康去牧羊时总会把小米粥装在竹筒里，这样饥饿时就可以充饥。但有一天，杜康把竹筒放在一棵树下后，忘记吃了。很多天过后，杜康牧羊时再次经过此地，在那棵树下找到了竹筒。他打开一看，发现竹筒里的小米粥变成汤水（酒）了，杜康喝了后觉得好喝，于是不再牧羊，改行卖酒。三是带有神话色彩的故事。杜康想要酿酒，但酿酒的过程中出了问题，不知如何解决，有天做梦，梦到一个白胡子老人，老人给了他一眼泉水，并告诉他9日之内找到三滴血混入其中就可以酿造出酒。杜康次日醒来，发现门口真有泉水。他依照老人的话做，分别取了文人、武人、秀才的血滴进去，果然酿出了酒。

（3）古猿酿酒说　明代李日华在《紫桃轩杂缀》中载："黄山多猿猱，春夏采杂花果于石洼中，酝酿成酒，香气溢发，闻数百步。"

（4）空桑秽饭酿酒说　唐朝《北山酒经》上记载："空桑秽饭，酝以稷麦，以成醇醪，酒之始也。"

上述说法有诸多不当或可以探究之处，如下所述。

《世本》一书为战国时的史官所撰，记载的是黄帝以来讫春秋时诸侯大夫的姓氏、世系、居（都邑）、作（制作）等。原书约在宋代已散失。书已失，且由于是对远古传说的记载，故未可足为信史。

《孔丛子》云："平原君与子高饮，强子高酒，曰：'昔有遗谚：尧舜千钟，孔子百觚，子路嗑嗑，尚饮十榼。古之圣贤，无不能饮也，吾子何辞焉？'"可见尧舜时已有

酒。而《世本》又云仪狄为"夏禹之臣"。禹在尧舜之后，因此仪狄不可能是酒的发明人。或许在代代流传中，人们将现实与想象相混，从而造成了前事后人的颠倒。如是这样，其可信度就不是很高了。故事"禹绝旨酒"也只是叙述了仪狄向禹进酒，并未说仪狄始做酒。故以此来推断仪狄为造酒鼻祖也有点牵强附会，不足为信。

据《段注说文》（《说文解字》）云："少康，杜康也"，而《吴越春秋》云："禹以下六世而得帝少康"，则杜康在禹后100多年。既然早在尧舜时酒已有多日，则言少康（即杜康）发明酒更属子虚之谈。当然，如果仪狄和少康确有其人，将他们幻视为当时著名的酿酒师或代表人物似乎是可以的。以前人丰富的酿酒经验为基础，不断改进酿酒工艺，使得酿酒质量有了很大的提升，如《世本》所说："始作酒醪，变五味"；也可能是尝试了一种新的酿酒原料和方法，如《世本》所说："作秫酒"。可见，仪狄、少康造酒说不足为据，不可为信，只是一种传说而已。

至于第三种说法"古猿酿酒说"，听起来似乎荒唐，其实倒很有些科学道理。我们知道，成熟的野果坠落后由于受到果皮上或空气中酵母菌的作用而生成酒，这是一种自然现象。猿猴将野果采下来，放在"石洼中"，其受自然界中酵母菌的作用发酵，这是完全可能的，也是偶然中的必然。当然，这种"造酒"并不是猿猴有意识的酿造，而是猿猴采集水果自然发酵所产生的"果酒"，充其量也只能说是"造带有酒味的野果"，与人类的"酿酒"有质的不同。前者纯属生物本能性活动，后者则完全是有意识、有计划性的活动，但天然偶成是符合事物发展规律的。

对于酒的起源，空桑秽饭酿酒说或许更经得起推敲。只有到了比较发达的农业社会，水稻或其他谷物类粮食作物已经成为人们的主食，并且已有多余之后，才会产生人们无意识中将剩饭倒在空桑树丛中，稷米麦饭混合在一起并借助发散在大气中的酵母菌发酵，这就成了酒。就像宋代朱肱引用《说文解字》曰："酒白谓之馊，馊者，坏饭也。馊者，老也。饭老即坏，饭不坏则酒不甜。"朱肱的这一说法不但符合酒的发酵过程，又合乎酿酒的实际情况。其实早在晋代就有一个叫江统的人写过一篇《酒诰》（酒诰，出自《尚书·周书》，作者是周公旦。是中国第一篇禁酒令。）。他对酒的产生作了充分的说明："酒之所兴，肇自上皇。或云仪狄，一曰杜康。有饭不尽，委之空桑，郁积成味，久蓄气芳，本出于此，不由奇方。"诚如所述，粮食酿酒是一件复杂的事，只能产生于人们长期的生产、生活实践中，只有在农业发展到一定程度之后才有可能产生。这也符合物质第一性的基本特征。

从实际情况来说，酿酒是一个复杂的过程。酒的诞生，不可能只由一个人来完成，必然是在世世代代的劳作中产生和发展的，是先人们智慧的结晶。黄酒的发展历程也是在不断的探索和研究中前进，我们有责任、有义务学习前辈的经验，传承黄酒文化基因，唤醒黄酒文化记忆。

第二节 黄酒酿酒史之春秋汉朝

　　绍兴地方的酿酒史，也应该是从这个地区进入农业社会，粮食有了一定剩余之后开始的。距今约 7000 年的河姆渡遗址中有大量人工栽培的稻谷、谷壳、稻秆和稻叶，堆积最厚处超过一米。还有成堆的骨粗，说明当时这一地区的农业已由火耕进入耜耕，稻米的产量已相当可观。遗址中还有传统炊具陶甑，说明已能用蒸汽热能使食物熟化。虽然我们未能从遗址中取得当时已经有酒的直接资料，但根据发现的实物来看，酿酒的客观物质条件已经具备了。公元前 492 年，越王勾践为吴国所败，带着妻子到吴国去当奴仆。三年后回到越国，他决心奋发图强，报仇雪耻。为了增加兵力和劳动力，勾践曾经采取奖励生育的措施。据《国语·越语》载："生其夫（丈夫）（男孩），二壶酒，一犬；生女子，二壶酒，一豚"，把酒作为生育子女的奖品。成书于秦始皇八年（公元前 239 年）的《吕氏春秋·顺民篇》还记载，越王勾践出师伐吴时，父老向他献酒，他把酒倒在河的上游，与将士们一起迎流共饮，于是士卒感奋，战气百倍，历史上称为"箪醪劳师"。宋代嘉泰年间修撰的《会稽志》提到，这条河就是现在绍兴市南的投醪河。醪是一种带糟的浊酒，也就是当时普遍饮用的米酒。这种酒与如今的绍兴酒不同，但它无疑是今天绍兴酒的滥觞。相关记载显示，早在 2400 年前的春秋越国时代，酒在绍兴已十分流行。中华人民共和国成立后，在绍兴城乡各地出土大批春秋战国时期的青铜、印纹陶酒器，如杯、盏等，这更进一步说明了这一点。至于酒在绍兴地方的最初出现，自然在其前了。

箪醪劳师

西汉承秦末大乱后，减轻劳役赋税，予民休养生息，促进了农业生产，也活跃了工商业。天下安定，经济发展，人民生活得到改善，酒的消费量也相当可观。为了防止私人垄断，也为了增加国家财政收入，汉武帝天汉三年（公元前98年）推行"初榷酒酤"政策，酒和盐、铁一样，实行专卖，这是后来历代酒类专卖和征收酒税的起源。在汉代，按照酿酒所用原料的不同，把酒分为上尊、中尊、下尊三等。《汉书·平当传》记载，汉哀帝赐丞相平当"上尊酒十石，养牛一"。如淳注云："律，稻米一斗得酒一斗为上尊，稷米一斗得酒一斗为中尊，粟米一斗得酒一斗为下尊。"绍兴地处东南，不产稷粟，向以稻米为酿酒的原料，所以当时绍兴地方所产之酒，虽不能如今天的绍兴酒那样驰誉遐迩，但无疑是属于上乘的。西汉末年，王莽当国，据《汉书·食货志》所载，当时官酒应用原料与出酒比例是"粗米二斛，曲一斛，得成酒六斛六斗"，即原料与成酒的比例为1∶3.3。这个比例与今天绍兴淋饭酒所用原料与成酒的比例大体相当。可见今天的黄酒，在酿造方法上，某些程度是继承了汉代以来的传统而加以发展的。

东汉时期，会稽太守马臻发动民众围堤筑成鉴湖，把会稽山的山泉汇集于湖内，为绍兴地方的酿酒业提供了优质、丰沛的水源，对于提高当地酒的质量，成为以后驰名中外的绍兴酒起了重要作用。

鉴湖美景

第三节　黄酒酿酒史之魏晋南北朝

魏晋之际，司马氏和曹氏的夺权斗争十分激烈，士族中很多人为了逃避矛盾尖锐的现实，形成了纵酒佯狂、超脱世俗的生活态度，这种态度逐渐演变为后世所称的"魏晋风度"。正如宋人胡仔在《苕溪渔隐丛话》中所说："盖方时艰难，人各惧祸，惟托于醉，可以粗远世故。"以致逐渐形成一种社会风气，被称为"竹林七贤"中的阮籍、刘伶等人是这一风气著名的代表，他们"止则操卮执觚，动则挈榼提壶，唯酒是务，焉知其余"。晋室东迁，建都建康，大批中原人士渡江南来。会稽是当时大郡，名士聚集，风气所及，酿酒、饮酒之风大盛。据《晋书》所记载，"有一位山阴人孔群，尝与亲友书云：'今年田得七百石秫米，不足了曲蘖事。'"一年收了七百石糯米，还不够他用来做酒。这自然是比较突出的例子，但情况可见一斑。这一期间，绍兴由此引出不少千载传诵的风流韵事。穆帝永和九年（公元353年）三月初三日，王羲之与名士谢安、孙绰等在会稽山阴兰亭举行"曲水流觞"的修禊盛会，乘着酒兴写下了千古珍品——《兰亭集序》，可以说是绍兴酒史中熠熠生辉的一页。他的第五子王徽之"雪夜访戴"的故事，也可以说是绍兴酒史中的一段佳话。

绍兴酿酒的历史书面记载已有2500多年。《吕氏春秋·顺民》载："越王苦会稽之耻……有甘肥，不足分，弗敢食；有酒，流之江，与民同之。"可见，早在2500年前的战国时代，绍兴地区酿酒业已很盛行了。

东浦具有典型的江南水乡特征，境内江河纵横，湖泊星罗棋布。水域广阔，水资源十分丰富，村庄、田野被大小江河分割成块，以桥相连，其景色非常美丽。清代文人李慈铭曾作诗"鉴湖秋净碧于罗，树里渔舟不断歌。行到夕阳中堰埭，村庄渐少好景多。"

东浦江南美景

这时期上虞人嵇含写过一本《南方草木状》。这是我国现存最早的植物学文献之一，其中叙述南人制酒所用的曲，是用几种草制成的。这和绍兴酒用辣蓼草制作酒药，可以说是一脉相承。书中还有关于"女酒"的一段文字，说："南人有女，数岁，即大酿酒。既漉，候冬陂池竭时，置酒罂中，密固其上，瘗陂中，至春，潴水满，亦不复发矣。女将嫁，及发陂取酒，叫供贺客，谓之女酒。其味绝美。"这与绍兴人为女儿酿制花雕酒的习惯极其相似，可见绍兴酒不但在酿制方法的某些方面，而且在有关的习俗上，也一直保持着古代的传统。此外，贾思勰在南北朝时期所著的《齐民要术》中也有相关的酒类制作记载，详细介绍了发酵工艺及其在烹饪中的应用，如用酒、醋"杀腥臊"的方法。这些记载表明，早在南北朝时期，绍兴地区已经开始逐步发展复杂的酿酒技术，逐渐形成了黄酒独特的风味和文化。

从有文献记载的春秋时期开始，经过1000多年，到南北朝时，绍兴地方所产的酒，已由越王勾践时的浊醪演变成为"山阴甜酒"。南朝梁元帝萧绎在所著《金楼子》一书中说，他少年读书时，有"银瓯一枚，贮山阴甜酒"。与他同时，并做过他重要幕僚的颜之推，在《颜氏家训》中也有同样记载，说萧绎11岁在会稽读书时，"银瓯贮山阴甜酒，时复进之。"清人梁章钜在《浪迹三谈》中认为后来的绍兴酒就是从这种"山阴甜酒"开始的，并说："彼时即名为甜酒，其醇美可知。"今天的绍兴酒也是略带甜味的，尽管爱喝绍兴酒的人并不喜欢甜味太重，但就绍兴酒本身来说，确实是

《齐民要术》文献记载

质愈厚，则味愈甜，如加饭甜于元红，善酿又甜于加饭。如果我们把善酿称为"绍兴甜酒"，也未始不可。而且这种甜酒冠以"山阴"二字，以产地命名，自必不同于一般地方所产。由此不难推想，绍兴酒的特色在南朝时已经形成。

第四节　黄酒酿酒史之唐宋元明清

在我国古典诗歌全盛时期的唐朝，许多著名诗人如贺知章、李白、白居易、元稹、方干、张乔等，或者是绍兴人，或者在绍兴做过官，或者慕名来游，他们和绍兴酒都有过不解之缘。"酒中八仙"之称的贺知章，晚年从长安回到故乡，寓居"鉴湖一曲"，饮酒作诗自娱。李白曾专程来访，而贺知章已作古，两位酒仙未及把盏畅饮，李白写下

《重忆》一首："欲向江东去，定将谁举杯？稽山无贺老，却棹酒船回。"有美酒而失去了对饮的故人，诗人是何等惆怅！而张乔《越中赠别》一首则有句云："东越相逢几醉眠，满楼明月镜湖边。"与知己畅饮绍兴美酒，欣赏鉴湖月色，又是多么令人惬意的赏心乐事！穆宗长庆年间（公元821—824年），元稹在越州任浙东观察使，同时白居易为杭州刺史。两人自青年订交，是诗坛知己。在仅隔一条钱塘江的邻郡为官，互相酬唱甚勤。绍兴的山水、绍兴的酒，成为他们这段时期创作中的重要内容。

宋代把酒税作为重要的财政收入，北宋时期与北方少数民族常有战事，军事费用很大。南渡以后，为了防御强大的金兵，维持偏安之局，养兵、备战更为重要任务。为了增加收入，以应付庞大的军费开支，政府就竭力鼓励酿酒。南宋时期除了官酿外，还允许城外百姓自行造酒，搬运入城，上秤收税。在政府鼓励下，酒的产量大增。但是大量的酒酿出来了，还得有人饮，于是又有所谓"设法卖酒"的办法。关于王栐《燕翼诒谋录》对北宋时期的"设法卖酒"，有十分形象的描写。他说："置酒肆于谯门，民持钱而出者，诱之使饮，十费其二三矣。又恐其不顾也，则命娼女坐肆作乐以蛊惑之。小民无知，争竞斗殴，官不能禁，则又差兵官列枷以弹压之，名曰：'设法卖酒'。"正如周辉在《清波杂志》中所说，"群饮唯恐其饮不多而课不羡。"南宋时期还有为了推销酒而举行的宣传活动，据明人冯时化《酒史》引宋杨炎正《钱塘迎酒歌》一诗的自注说："南渡行都有官酒库，每岁清明前开煮，中秋前卖新，先期鼓乐妓女迎酒穿市，观者如堵。"除此以外，收酒税的官吏如能超额完成任务，还可以按其成绩大小，分别列入考绩，提前升迁，《宋史·食货志》对此有明确记载。总之，在宋代，酿酒受到大力鼓励，饮酒又是受到大力提倡的。

在政府的鼓励和提倡下，原来已有深厚基础的绍兴酿酒事业自然更为发展了。据《文献通考》所载，北宋神宗熙宁十年（公元1077年）天下诸州酒课岁额，越州列在十万贯以上的等次，较附近各州高出一倍。南宋建都临安（今杭州），达官贵人云集，西湖游宴，"直把杭州作汴州"，酒的消费量很大。卖酒是一个十分挣钱的行业，宋人张知甫《张氏可书》说："行朝士子多鬻酒醋为生。故谚云：'若要富，守定行在卖酒醋'。"绍兴与杭州一江之隔，这种情况自然对绍兴酒业的发展起了极大的刺激作用。当时绍兴城内酒肆林立，正如陆游所说，"城中酒垆千百家所"，酒业达到了空前的繁荣。由于大量酿酒，原料糯米价格上涨，据《宋会要辑稿》所载，南宋初绍兴的糯米价格比粳米高出一倍。糯米贵了，农民种糯米的自然多了。南宋理宗宝庆年间（公元1225—1227年）所修的《会稽续志》引孙因《越问》说，当时绍兴农田种糯米的竟占到六成，已经到了连吃饭的粮食都置于不顾的地步。这种情况几乎一直延续到明朝，以至于连"除却尊罍事事慵"的徐渭都发出了"酿日行而炊日阻"的感叹，但反过来却正反映了绍兴酿酒业之兴盛。

据《宋史·食货志》所载，宋代把酒分为"小酒""大酒"两类，文中写道："自春至秋，酝成即鬻，谓之'小酒'，其价目自五钱至三十钱，有二十六等。腊酿蒸鬻，候夏而出，谓之'大酒'，自八钱至四十八钱，有二十三等"。绍兴酒都是冬天酿制的，除了农民自酿自饮，即酿即饮的淋饭酒外，又都于开年煎煮，过了夏天再出售，自然属于"大酒"，但属于何等，却无从查考了。南宋时，绍兴酒已有各种品名，如竹叶青、瑞露酒、蓬莱春等。做过绍兴签判的王十朋，曾有《范文正公祠堂诗》一诗，诗中有云："后人不识真天人，但能日饮堂中春。"并自注说："越以清白堂名酒"，清白堂是北宋时期，范仲淹担任越州知州时在城内龙山上所建的一处堂名。该堂不仅体现了范仲淹的清廉自守和高尚品格，还成为他与文士雅集、吟诗作赋的重要场所，象征了他对廉洁官风的推崇和践行。由此可知，当时还有一种名为"堂中春"的酒。在这些品种中，要数蓬莱春最为出名。宋人周密著《武林旧事》、张能臣著《酒名记》中都有越州蓬莱之名。张端义《贵耳集》还记载："寿皇忽问王丞辑淮及执政：'近日曾得李彦颖信否？''臣等方得李彦颖书，绍兴新造蓬莱春酒甚佳，各厅送三十樽。'"蓬莱春受到帝王大臣的青睐，可以说是当时绍兴酒的代表品种。清人梁章钜《浪迹三谈》引《名酒记》说："越州蓬莱春，盖即今之绍兴酒，今人鲜有能举其名者矣。"照此说法，今天的绍兴酒在南宋时已经定型，只是名称有了改变罢了。

由宋及明，绍兴酒又有了新的花色品种。有用绿豆为曲酿制的豆酒，还有薏苡酒、地黄酒、鲫鱼酒等。万历《绍兴府志》说："府城酿者甚多，而豆酒特佳，京师盛行，近省地亦多用之。"可见当时的绍兴酒已经受到普遍的欢迎，从省城远销到北方的京师了。

明清之际，是我国资本主义的萌芽阶段，新的社会生产力使绍兴的酿酒业登上了新的高峰，以大酿坊的陆续出现为标志。绍兴县东浦镇的"孝贞"，湖塘乡的"叶万源""田德润"等酒坊，都创设于明代。"孝贞"所产的竹叶青酒，因着色较淡，色如竹叶而得名，其味甘鲜爽口。湖塘乡还有"章万润"酒坊也很有名，坊主原是"叶万源"的开耙技工，后设坊自酿，具有相当规模。入清以后，东浦的"王宝和"创设于清初，城内的"沈永和"创设于康熙年间。乾隆以后，东浦有"越明""贤良""诚实""汤元元""陈忠义""中山""云集"等，阮社乡有"章东明""高长兴""善元泰""茅万茂"等，双梅乡有"萧忠义""潘大兴"等，马山镇有"谦豫萃"，马安乡有"言茂元"等。这些都是比较有名的酒坊，资金雄厚，有广阔的作场，集中的技术力量，又有称为"水客"的推销人员，还通过水路向苏南丹阳、无锡等产粮区大批收购糯米作为原料，以扩大生产。因此，无论从生产规模、生产能力以及经营方法等方面，是过去一家一户的家酿和零星小作坊望尘莫及的。康熙年间的《会稽县志》中有这样一句话——"越酒行天下"，可见在清朝初期，绍兴酒的行销范围已遍及全国各地。清人陶元藻在《广金稽风俗赋并序》中写道："东浦之酝，沈醅遍于九垓"，这并非夸张之语。绍兴酒声名大振，因而梁章钜在《浪迹续谈》中说："今绍兴酒通行海内，可谓酒之正宗……至酒之通行，则实无他酒足以相抗。"著名诗人袁枚在《随园食单》中则说：

"绍兴酒,如清官廉吏,不参一毫假,而其味方真。又如名士耆英,长留人间,阅尽世故,而其质愈厚。"把绍兴酒比作品行高洁、超凡脱俗的清官、名士,可以说是推崇备至了。

第五节 黄酒酿酒史之民国时期

由于大酿坊的陆续出现,产量逐年增加,销路不断扩大,于是在各酿坊的协商下,品种、规格和包装形式也就统一起来。这时候的品种基本上是"女儿红""加饭酒"和"善酿酒"三种。此外还有福橘酒、鲫鱼酒、花红酒等,品名繁多,但只作为花色,并不大量生产。在行销地区方面,各酿坊大体有一定的范围。如"孝贞""沈永和"通销北京、天津;"叶方源"所产18千克放样加饭酒专销福建以至南洋;"田德润"加饭酒运销天津、北京、烟台;"汤元元""善充泰""茅万茂""萧忠义""潘大兴"等销往杭州、上海;"云集"则销往福建、香港;"谦豫萃""沈永和墨记"的善酿酒则畅销于广州,乃至东南亚各国。包装的名称也因销售的地区而有所不同。销至北方的,一般称为京装;销至南方的,称为建装或广装。为了扩大和便利销售,有些酿坊还在外地开设酒店、酒馆或酒庄,经营零售批发业务。早在清乾隆年间,"王宝和"就在上海小东门开设酒店,随后,"高长兴"在杭州、上海开设酒馆。"章东明"则不仅在上海、杭州各处开设酒行,还在天津北门外侯家后开设全城明记利川字号绍酒局,专营北方批发业务,并专门供应北京同仁堂药店制药用酒,年销量近万坛以上。

历史上绍兴酒的产量究竟有多少,一直缺乏可信可靠的资料。除酿坊外,农民也会自家酿酒,随处可见,因此很难统计。政府虽然收税,往往采用包捐制,并未全面认真地调查产量,所以在产量这方面缺少精确的数字。据部分老年人回忆,中华人民共和国成立前六七十年间,绍兴的酿酒业有一段兴衰起伏的历史。

清光绪初期,各酿坊向官方报捐的最高额为18万缸(每缸约310千克),农民家酿估计约6万缸,共24万缸,合74400吨。后来因帝国主义侵略,连年战争,产量逐年下降。民国以后,军阀混战,民穷财尽,1910—1913年,东浦有酿坊400多户,酿酒约1万缸;湖塘、阮社、柯桥各乡镇酿坊约四五百户,酿酒约3万缸;城区及孙端、皋埠、安昌、钱清等乡镇约有酿坊300户,酿酒1万缸左右。全县共有酒坊一千三四百户,年产酒约5万缸,合15500吨。1926年前后,江南各省实行"二五"减租,农村经济情况好转,加以北伐顺利,结束了军阀混战局面,交通发展,1931年绍酒产量稍有回升,当时东浦约产3万缸,湖塘、阮社、柯桥约产6万缸,城区及孙端等地约产3万缸,全县共12万缸(不包括家酿),合37200吨,酿坊也增加一千五六百户。1933年以后,国民党政府苛捐杂税日益繁重,日本帝国主义侵略步步紧逼,社会动荡,市场萧条，绍酒产量又趋下降。至 1936 年，绍兴酒捐局的征税额为 25 万元，以每缸征税 3 元推算，酿酒为 8.3 万多缸，合 25730 吨，与 1931 年比较，产量下降了 1/3。1937 年后，外销萎缩，酒价下跌，原料缺欠，酒业情况更走下坡。1940 年，国民党政府因粮荒严重，曾下令减酿，这年产量约 5 万缸。1941 年，绍兴沦陷，各酿坊均遭敌伪摧残，多年陈酒被洗劫一空，损失惨重。又因交通阻梗，原料、成品运输不便，有的大酿坊主避难外地，有的到苏南产粮区就近设坊酿制。当时粮价不断飞涨，酒价跟不上。1931 年每坛酒价折合大米 3 斗 4 升，1940 年折合大米 2 斗 2 升，至 1944 年仅合米 6 升 6 合，酒坊无利可图，纷纷停酿。1944 年绍兴本地全年产量估计不超过六七千缸。1945 年抗战胜利，国土重光，经济复苏，酒价上升，酿坊看到有利可图，遂又逐渐恢复生产，迁往外地的酿坊主也纷纷回到家乡。1948 年以前，最高年产曾回升到 5 万缸，合 15500 吨。但是好景不长，国民党政府加紧内战，人民重新陷入水深火热之中，不少中小酿坊减产以至停产观望。1948 年产量又下跌到 2.5 万缸，合 7750 吨，其中有三成还是外埠商人委托加工的。加以通货急剧贬值，酿酒生产周期长，再无回旋的可能，所以各酿坊难以从事再生产。到中华人民共和国成立前夕，绍酒业终于元气大伤，陷入瘫痪不起的境地。

绍兴黄酒小酿坊

第六节　黄酒酿酒史之现代中国

中华人民共和国成立以后，党和政府十分重视酿酒工业，1956 年周总理批准《绍兴酒工艺总结与提高》项目，列入国家十二年科学规划，将古老的传统工艺与现代科学相结合，并拨巨款，发展黄酒酿酒业，极大地提高了黄酒的质量和产量，不但满足了国内需求，而且成为重要的出口产品。

1952 年，中华人民共和国刚成立不久，除少数已经完成公私合营的酒厂外，大多还是前店后厂的作坊式经营，产能非常有限，单就做到在全国销售这一项，已属凤毛麟角。故此，第一届全国评酒会影响深远。尤其是"八大名酒"的诞生在全国引起强烈反响，并极大地推动了酒业的发展和质量的提高。《中国名酒分析报告（八大名酒）》对每一款名酒都进行了详细介绍，包括产品特点、理化指标等。其中，有关绍兴酒的介绍如下："绍兴鉴湖长春酒：绍兴鉴湖所产，具有地方特色，酒色黄润，醇厚芬芳，味美适口，因挥发酸少，因此，无酸涩感，是酒中佳品，非他区所能仿制。"附表还有对获奖绍兴酒的产品特征描述："色泽澄黄，味道佳美，比重 1.0229，酒精 14，含糖 0.76，总酸 0.276。"

《绍兴县志》记载："1951 年 8 月，绍兴酒类市场清理委员会成立；10 月，地方国营绍兴酒厂建办；12 月，周云集信记酒坊组建为地方国营云集酒厂。""云集信记"由周清的侄儿周善昌经营，由于周清在外工作，归属周清名下的"云集信记"实际也由周善昌负责生产酿制，1951 年被人民政府接收改名"地方国营云集酒厂"。1951 年，绍兴酒类专卖事业处负责对酿户及酒类买卖的管理职能。其时，新组建的绍兴酒厂和接收云集酒坊资产后更名的云集酒厂，这两家国营酒厂的酒对外销售都需通过酒类专卖事业处。云集绍兴酒正是经由这样的渠道被送去北京参评。由前可知，所有参评的酒样分析工作自 1952 年 7 月开始。此时 1951 年 10 月建办的绍兴酒厂的酒才刚刚完成煎榨，贮存时间不到半年，自然谈不到悠久的历史和全国市场的销售。还有，当时的绍兴酒虽无统一的国家标准，但行内有约定俗成的规矩，因刚酿成的新酒口感辛辣粗糙，至少需陈酿一年以上方能对外销售，故此，专卖事业处绝无可能拿新酒去京评奖而砸了绍兴酒的牌子。唯有云集酒厂酿制的酒，不但符合专家制定的获奖酒的所有入选条件，也符合"酒色黄润，醇厚芬芳，味美适口"的品质鉴定评语。综上，入选"八大名酒"的绍兴酒只能出自云集酒厂。云集酒厂前身为云集酒坊，创建于清乾隆八年（1743 年），1915 年荣获美国巴拿马太平洋万国博览会金奖。早在民国时期，云集酒厂的老酒便已畅销京津沪以及南洋各地。周清《绍兴酒酿造法之研究》有详细记载："大凡绍兴酒行销愈远者，其质愈佳，而尤以销售于北京者为最善。北京为国都所在，中外商贾云集于此。竞争激烈，适者能存。吾浙名产，赴此销售者，以绸缎和绍酒两项为最著。""查绍酒之销售于北京者，至今已不过二三坊家，吾云集信记之酒，京都人士所争先购买者焉。"即使像"瑞昌通""三益"等干果铺，"杏花春""斌升楼"等饭菜铺，"泰源""玉源""庆昌"等黄酒铺，凡开设于京津市街寄售绍酒处，没有一家不销售"云集绍兴酒"的。民国时期，云集绍兴酒在北京已相当受欢迎，这中间和周清的努力推介有很大的关系。在京师大学堂就学之时，周清经常利用假期去推销绍兴酒。"每当休假研究酿售等法，有此结果焉。"

《绍兴县志》记载："光绪二十六年（1900 年）始，东浦云集信记酒坊，在上海抛球场设德信昌酒栈为南省分售所；在广州毫半街设大兴号寄售所；在天津侯家后设德顺培酒局寄售所；在北京延寿寺街设京兆荣酒局，北京分售所又在巾帽胡同玉盛酒栈、煤市街复生酒栈、杨梅竹斜街源利酒栈，各设绍酒寄售所。京津市街酒店、菜馆、干果铺，多寄售云集绍酒。"

现存会稽山档案室的一份浙江省委办公厅于 1956 年 9 月 7 日印发 "中共浙江省委批转省工业厅党组关于保持和提高绍兴老酒原有优点的意见" 文件记载："自 1951 年，云集酒厂由专卖公司管理。" "1951 年，全厂尚有 6 年至 15 年以上的各种品种陈酒59076 千克，其中有贮存百余年的。"这一史实既展示了云集酒厂当时丰富的陈酒资源，也显示了云集酒厂酿酒技艺的精湛和品质的卓越，须知，不是所有的老酒都能存放百余年而依然历久弥香，这充分体现了云集酒厂在当时绍兴黄酒界的实力。

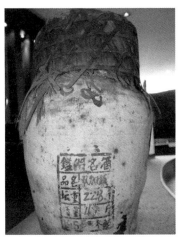 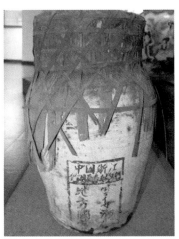

1956 年冬酿 "鉴湖名酒"，中国浙江鉴湖长春绍兴酒（现存会稽山黄酒博物馆）

第二章
酿造工艺　独具匠心

粮食是自然给予人类的恩赐，黄酒是粮食的精华，酒香是黄酒的灵魂。一坛美酒的酿成，不仅需要粮食和清水，更需要经过时间的沉淀。看起来黄酒酿制的成本简单低廉，那是忽略了一坛黄酒背后的付出，其实它背后是"天时、地利、人和"三要素的融合；看起来酿造的工艺时间长久，实际上黄酒真正需要的时间是在陈酿，在于采天地之灵气，吸日月之精华。绍兴酒是以优质糯米、小麦和鉴湖水为主要原料，采取独特工艺精心酿制而成的一种口味纯正、质量上乘的酿造酒。

视频：匠心 1

绍兴酒的酿造工艺极为复杂，是一门涉及微生物学、有机化学、生物化学、无机化学等多个学科的综合性发酵工程学科。因此，绍兴酒文化称得上是一部百科全书。我们的先人凭借自己的辛勤和智慧，经过反复不断的实践—总结—再实践—再总结，日积月累，终于形成了如今这一套成熟并臻于完美的绍兴酒传统酿造工艺。

视频：匠心 2

黄酒酿造检查

绍兴酒传统酿造过程

第一节　黄酒酿造特点

源于春秋、完善于北宋、兴盛于明清、发达于当代的黄酒酿造工艺是经过长期发展形成的，是我国的国粹，被誉为中华一绝，堪称中国酿造酒文化的典范，现已成为宝贵的历史文化遗产。

这套古老的传统酿酒技艺，不但国内称绝，日本人也是叹为观止，特别是曲麦的制作技术，堪称中国"第五大发明"。"曲"是一种含有大量微生物的糖发酵制剂，它开创了边糖化边发酵的复式发酵之先河，

视频：黄酒
酿造特点

是世界酿酒业的一项创举。日本人引进了我国的制曲技术之后，就改革了清酒的形态，有研究表明，日本清酒的酿造技术，即源于我国传统的黄酒酿造工艺。

现将黄酒酿造工艺特点归纳如下：

（1）开放式发酵 黄酒在包括浸米、蒸饭、投料、发酵、压榨、澄清的整个酿造过程中，始终与外界保持接触。之所以能在如此长的发酵周期内使醪液良好发酵而不致酸败，其主要原因在于前人独创了一套有效的工艺，如酿酒季节的选择、独特的"三浆四水"配方，"以酸制酸"操作法等，从而确保了发酵的顺利进行。

（2）双边发酵（边糖化边发酵） 也有人将"双边发酵"称为"复式发酵"，黄酒在陶瓷酒缸和酒坛中的发酵模式，既不像白酒先进行固态发酵、后进行蒸馏，也不像全液态的啤酒先进行糖化、后进行发酵，而是糖化和发酵两个过程同时进行。黄酒的糖化过程也就是它的发酵过程，所以，只有酵母菌的发酵和淀粉酶的糖化保持"和谐"和"平衡"，才能酿出高质量的好酒。

（3）醪液高浓度发酵 黄酒的发酵醪为固液结合态，其投料加水比例较低，一般为1∶1.8。如此之高的原料比却能酿出上等的好酒，在世界发酵酒中也是独一无二的。

（4）低温长时间发酵 黄酒的发酵期正好处于一年最冷的冬季，时间长达三个月。发酵结束后，醪液中最终酒精含量高达19%vol左右，如此高的酒精含量在世界发酵酒中可以说是绝无仅有的。

第二节 黄酒酿制原料

绍兴酒之所以成为好酒，主要有三个方面的重要因素：

一是对原料的精心选择以及长期积累形成的一套精益求精的酿造技艺；

二是有得天独厚的鉴湖优质湖水；

三是绍兴区域独特的自然地理环境。

以澄澈清洌的鉴湖佳水、肥沃的土壤孕育出的上等白糯米、优质黄皮小麦作为黄酒原料，投入独特技艺的精心，一坛匠心之作由此共同酿制而成。

1. 绍兴黄酒之"血"——鉴湖水

名酒出处，必有佳泉。鉴湖水不但是酿造绍兴黄酒的重要配料，也是绍兴黄酒的主要成分，被誉为绍兴黄酒之"血"。

正所谓："汲取门前鉴湖水，酿得绍酒万里香。"绍兴黄酒之所以晶莹澄澈、馥郁芳香，可以成为酒中珍品，选料讲究和精湛的酿制技艺固然重要，但最重要的是鉴湖优良的水质和独特的自然环境造就了绍兴黄酒的独特风格和不可复制的品质。没有鉴湖水，就没有名扬中

视频：鉴湖水与绍兴黄酒有什么关系？

外的绍兴黄酒。鉴湖水发挥着至关重要的作用，是酿制绍兴黄酒不可或缺的前提。

众所周知，酿酒用水必须水体洁净，不受污染，否则酿成的酒便会浑浊无光，称为"失光"。若水中含有杂质，则酒味不纯，还有可能产生异味。酿酒用水对硬度也有一定要求，水质过硬，则导致发酵不良；水质过软，又会使酒味不甘洌而有涩味。正因如此，酿酒用水的品质对绍兴黄酒的发酵至关重要。绍兴黄酒如今驰名海外，很大程度上在于它具备得天独厚的鉴湖水资源和不可复制的自然地理环境。

实践证明，用鉴湖水酿成的酒，酒色澄澈，酒香馥郁，酒味甘鲜，并具有鲜、爽、嫩、甜的特点，这是绍兴独有的自然环境和地质条件所赐予的，并非人工能合成的。鉴湖水是"天成人功"的"福水"（后文对鉴湖水更做详细说明）。

2. 绍兴黄酒之"肉"——糯米

作为绍兴黄酒的重要酿造原料之一，糯米被形象地喻为绍兴酒之"肉"。绍兴酒非常重视对糯米品种和质量的选择，一般选用上等优质糯米，要求精白度高、颗粒饱满黏性好、含杂质少、气味良好，并尽量选用当年出产的糯米。那么，为什么酿制绍兴黄酒时要选择精白糯米，并且要求当年产的为好呢？

视频：为什么糯米最适于酿造黄酒？

首先，精白度高的糯米蛋白质和脂肪含量低，淀粉含量相对高，用这样的原料酿酒时出酒多、香气足、杂味少，贮藏过程中不易变质，有利于长期贮藏。

其次，糯米所含的淀粉中95%以上系支链淀粉，容易蒸煮糊化，黏性大，糖化发酵效果好，酒液清，残糟少，发酵后酒中残留的多糖和功能性低聚糖也多，酒质更加醇厚甘润。

精选谷物

再次，当季的新鲜糯米有利于浸渍过程中培养繁殖乳酸菌，制造微酸性环境，有利于发酵时抑制产酸菌繁殖，防止酸败，即通常所说的"以酸制酸"。而陈年糯米因经长期储存，内部物质多发生化学变化，极易导致脂肪变性，米味变苦，从而产生油味而影响酒质。所以，酿酒师常将酿制绍兴酒所用的糯米要求归纳为"精""新""糯""纯"四个字，有着非常充足的科学道理。

关于糯米做酒的质量，古人也早已从实践中获得佐证。陶渊明任江西彭泽县令时，为了酿出好酒，将所辖县城的四分之三公田用来栽种糯米，成为我国酒史上一大美谈。

3. 绍兴黄酒之"骨"——麦曲

麦曲系以小麦制成，是绍兴黄酒又一重要配料，被誉为绍兴酒之"骨"，用量占配方总量的16%以上。小麦营养丰富，富含蛋白质、淀粉、脂肪、无机盐等多种营养成分，具有较强的黏延性和良好的疏松性，是酿造绍兴酒无可替代的制曲原料。

采用小麦制曲的原因主要有以下三点：一是小麦中蛋白质含量较高，营养成分也高于稻米，有利于酿酒所需的曲霉等有益微生物繁殖，是绍兴酒大量氨基酸的来源之一；二是小麦中成分丰富，经中高温制曲发酵后，产生十分丰富的香气物质，赋予酒浓郁的"曲香"；三是小麦麦皮富含纤维质，透气性较好，有利于获得多种有益的酶。为制得优质麦曲，要求选用颗粒完整、饱满，粒状均匀，皮层薄，淀粉含量多、黏性好、杂质少，无霉变虫蛀的当年产优质黄皮小麦制曲，确保绍兴黄酒在近三个月时间内发酵所需的液化力、糖化力和蛋白酶分解力。麦曲主要功用不仅是液化和糖化，而且对成品酒酒质影响极大，也是形成绍兴黄酒独特香味和风格的主体之一。

第三节　传统酒酿造工艺

酒与人的关系在酿造的过程中展现出了温暖的人文情怀，匠人们的"手"是最神奇的机器，并倾注了最真挚的情感，寄托着最美好的情感和祝福，和时间默默地见证了一坛坛黄酒的诞生。经过了上千年的摸索，黄酒酿造最终具备了一套完整的工艺。

视频：黄酒
酿造流程

目前绍兴黄酒主要用传统工艺酿制。其特点是：用淋饭法酿出来的酒醅（未经煎榨的半成品）作酒母，而用摊饭法来完成酿制过程，这是它和其他地方所产黄酒的明显不同之处。现将酒药、麦曲、淋饭酒和摊饭酒的酿制过程简单介绍如下：

1. 酒药

酒药俗称白药，或称小曲、酒饼。它是中国独特、优异的酿酒菌种（保藏）及糖化、发酵剂。东晋嵇含是浙江上虞人，是中国历史上第一个讲到"小曲（药曲）"的科学工作者，在被誉为古代植物学大全的《南方草木状》中这样论述"小曲"："草曲，南海多矣。酒不用曲糵，但杵米粉，杂以众草叶，治葛汁，洗涤之，置蓬蒿中荫蔽之，经月而成，用此和糯为酒。"他的意思是说，用草药做的酒，南方很多，做酒不用传统的曲和糵，只要把米舂成粉，添加各种草叶，准备葛草的汁（辣蓼之类），一起混合，搓成鸡蛋大小，用蓬蒿盖好（让微生物生长），隔一个月就成熟了，用它和糯米做成酒。这段记载，足以证明黄酒的酿制需要高超的酒药酿制技术，不但历史悠久，而且是中国制曲技术上的一项重大改进。酒药一般在农历七月生产，其原料为早籼米粉和辣蓼草。酒药中糖化（根霉菌、毛霉菌为主）和发酵（酵母菌为主）的菌类是复杂而繁多的，它是酿制淋饭酒时的主要接种剂。

酒药原有白药、黑药两种。白药作用较猛烈，适宜于严寒的季节使用；黑药也有用早籼米粉和辣蓼草，再加陈皮、花椒、甘草、苍术等药末制成，作用较缓和，适宜于和暖的气候下使用。现在，因酿制淋饭酒都在冬季，用的都是白药，黑药已基本无人使用。

酒药制作

2. 麦曲

麦曲以前用干稻草捆绑成长、圆形，堆叠保温，自然发酵，称为"草包曲"。如今改进了生产操作后，将其切成宽25cm、厚4cm的正方形块状，堆叠保温，自然发酵，称为"块曲"。麦曲在黄酒酿制中占着极重要的地位，在每缸酒中的用量是糯米用量的1/6。它的功用是作为糖化剂，并对特殊风味的产生有着密切的作用。生产麦曲的时间一般在农历八九月间，此时正值桂花盛开时节，气候温湿，故有"桂花曲"的美称。麦曲中的微生物最多是米曲霉、根霉及毛霉，此外，尚有数量不多的黑曲霉及青霉等。成熟的麦曲有很多曲花，呈黄绿色，曲花越多则曲的质量越优良，酒醪发酵时升温快而猛烈，利于开耙调温。

麦曲

3. 淋饭酒

淋饭酒俗称"酒娘"，学名"酒母"，意为"制酒之母"，是摊饭酒的发酵剂。一般在农历"小雪"以前开始生产，其工艺流程为糯米→过筛→加水浸渍→蒸煮→淋水$\xrightarrow{酒药}$搭窝$\xrightarrow{麦曲、水}$冲缸→开耙发酵→灌坛后发酵→淋饭酒（醅）。经 20 天左右的养醅发酵，即可作为摊饭酒的酒母使用。醅量比例只占 1/90，或能完善发酵，此时酵母菌在 18%～20%vol 的酒精中仍能繁殖，这在酒类发酵中是罕见的。养醅发酵至 30 天左右，经压榨、煎煮，即成淋饭酒。

淋饭酒制作过程

4. 摊饭酒

摊饭酒又称大饭，就是正式酿制的绍兴酒。原料是当年的精白糯米，一般在农历"大雪"前后就开始酿制，到次年"立春"结束。其工艺流程为糯米→过筛→浸渍→蒸煮→摊冷 $\xrightarrow{\text{水、麦曲、酒母、浆水}}$ 落缸→前发酵 $\xrightarrow{\text{灌坛}}$ 后发酵→压榨 $\xrightarrow{\text{加色}}$ 澄清煎酒→成品。摊饭酒的酿制工艺较繁，也较难，它是复式发酵，就是边糖化边发酵。这期间的搅拌冷却俗称"开耙"，就是将木耙伸入缸内进行搅拌，其目的一是调节醪液的温度，二是提供氧气，排出二氧化碳，提高酵母活力。开耙是整个酿酒工艺中较难控制的一项关键性技术，一般由经验丰富的老师傅把关。酿酒师的操作手法不同，酿造出的酒的风味也不同，摊饭酒的前、后发酵时间达 90 天左右。根据不同的条件灵活处理与应对，及时调整操作方法，若控制得当，酒内各种成分恰到好处，则风味优厚，最为上乘。

5. 榨酒和煎酒

榨酒和煎酒这两道工序，新老工艺都相同。榨酒一般在农历正月初开始，此时的摊饭酒醪已趋于成熟。压榨又称过滤，就是把发酵醪中的酒（液体部分）和糟粕（固体部分）予以分离的操作方法。过去一向沿用笨重的木榨，劳动强度很大，20 世纪 60 年代试制成功机械压榨后，效率倍增。压榨出来的酒液称为生清，又称为生酒，还免不了含有少量的固形物（即渣滓或酒脚），较为浑浊，因此必须放入缸内或水泥池内澄清，加入糖色，搅匀静置 2~3 天进行沉淀，提高酒的稳定性，然后取上清液煎酒。

煎酒又称为杀菌、灭菌，是酿酒的最后一道工序，把生酒放在铁锅里煎熟。其目的是消杀生酒中的微生物，破坏残存的酶，使酒的成分基本固定下来，防止成品酒在贮存期间酸败变质，使部分可溶性蛋白质凝固沉淀，使酒的色泽变得清亮透明。煎后的酒不易变质也更易保存。

煎酒的设备，最早是用铁镬，也有用锡壶或盘肠锡管的。因为在蒸煮过程中酒精含量有所损失且消耗较大，效率也低，所以到 20 世纪 80 年代初，改用薄板式热交换器，提高了生产效率又节约煤耗，是目前较理想的杀菌设备。

6. 灌坛

灌坛时酒坛与酒都已做杀菌处理，酒坛在洗净沥干后，还要再刷一层石灰水，用于杀菌。灌坛后，先将荷叶层层包裹在坛口，再用竹丝扎紧，最后糊上"泥头"，里面会放置酒标，标明年份等信息，待干燥完全后便可入库保存。

用于封口的泥头很有讲究，值得一提。泥头的直径 20 厘米、高 10 厘米左右，用泥头封酒可以有效隔绝空气中的微生物，通过空隙渗透进微量空气，创造的微氧环境可以确保黄酒仍可以自由呼吸，并促进酒的陈化。酒分子在酒坛里悄悄地变化着，酒坊愈来愈香，人们便会知晓等到来年，他们收获的将是一坛坛琼浆玉液。

浸米　　　　　　　　　　　　　　　　浸米过程检查

浸米：促进淀粉的水解，保障糖化发酵的进行

视频：传统工艺 1　　视频：传统工艺 2　　视频：传统工艺 3

视频：传统工艺 4　　视频：传统工艺 5　　视频：传统工艺 6

运输　　　　　　　　　　　　　　　　蒸饭

蒸饭：破坏淀粉结构，加快受热糊化的速度

视频：传统工艺 7　　视频：传统工艺 8　　视频：传统工艺 9

落缸 温度检查

落缸：尽量控制每缸温度在 26~30℃

视频：传统工艺 10　　视频：传统工艺 11　　视频：传统工艺 12　　视频：传统工艺 13

开耙 二耙

开耙：头耙、二耙后根据酒醅的厚薄、品温情况及时开三耙、四耙

视频：传统工艺 14　　视频：传统工艺 15　　视频：传统工艺 16　　视频：传统工艺 17

储存　　　　　　　　　　　　储存航拍图

储存：将生酒中的微生物杀死和破坏残存的酶系后贮存

视频：传统工艺 18　　视频：传统工艺 19　　视频：传统工艺 20　　视频：传统工艺 21

第四节　机制酒酿造工艺

我们的祖先在长期的生产实践中，积累和创造了大量的文化科学技术，取得了辉煌的成就，直到 18 世纪之前，我国的科技水平，包括酿酒技术，处在世界领先的地位。现代发酵工业在某些方面对我国古代酿酒技术进行了充分的继承和创新。一切新工艺都是在总结传统工艺的科学原理和生产实践的基础上进行的，对传统的工艺加以改进和创新，才有机械化制酒，这是酿酒业的发展方向，是向科学进军的既定目标。

千百年来，绍兴酿酒业主要受传统工艺制约，以手工操作为主，生产设施简单，劳动强度很大，生产周期长。绍兴酒的酿造是一门综合性的发酵工程科学，涉及多种学科知识。同时，因为这一传统工艺属于自然发酵，季节性很强，一般在农历九月到翌年三月，半年时间中必须完成投料、发酵和榨煎全过程，一旦延至农历四月，气温渐高，酒醪就容易变酸，质量难以控制。因此，如需要大规模生产，就会受到限制。

自 20 世纪 60 年代起，绍兴酿酒业在上级主管部门的关心和支持下，大专院校、科研机构的指导和共同合作下，群策群力，解放思想，充分带动了工程技术人员的创造性和积极性，开展了轰轰烈烈的技术革新运动，逐步试制和采用了新工艺、新设备，使绍兴酒传统工艺这一珍贵的遗产得以发扬光大并有了前所未有的成果。几家国营酒厂率先创新改革，如今，大多数工序已初步实现了机械化和连续化生产，基本上改变了千百年来酿酒的陈旧面貌。经过不断探求，一种新的酿酒生产新工艺应运而生。

20 世纪 70 年代中期，上虞（绍兴 6 个区县市之一）酒厂进行了连续的曲酿改革，并取得成功，继而建造了年产 2000 多吨的新工艺机械化车间。20 世纪 80 年代起，绍兴市酿酒总公司奋战两年，建成了继承传统工艺、变季节性生产为常年性生产、年产万吨绍兴酒的立式机械化生产车间。这个大型车间于 1985 年拔地而起，正式投产，产量一跃达到 4 万吨，经质量检验，全部合格。从此，绍兴酒跨上了新的台阶，闯出了新的路子。东风酒厂也于 1988 年底前动工新建万吨机械化车间，于 1989 年底投入试产。在产量不断提高的同时，许多酒厂精心发展新产品，不断改进设备简单、工艺落后的小包装生产线。经国内外专家的技术考察和鉴定，在 1986 年和 1987 年两年中，东风酒厂和绍兴市酿酒总公司分别从日本和德国引进了年产 5000 吨和 1 万吨的全套瓶酒灌装自动化流水线，投产后，日灌装量从几千瓶提高至 8 万瓶。同时，为使作业线配套成龙，又从比利时引进一条瓶装自动化流水作业线的配套项目——年产 2.2 万吨玻璃瓶的全自动生产线。这样，从生产、灌装到包装一条龙的绍兴酒机械化自动作业线就配套完成，宣告了绍兴酿酒业进入更为完善和成熟的时代。

在我国众多名酒中，无论是名扬世界的贵州茅台酒，清香玉液的汾酒，还是醇香甘美的福建沉缸酒，纯澈细腻的青岛啤酒，都有其自身特殊的馥香、醇味和风格。绍兴酒也是如此，啜一口，沁人心脾，回味无穷。这个特色是如何形成的，却是千百年人们苦苦探求而始终没有揭开的一个谜。近年来，绍兴广大酿酒业科技人员勇攀酿酒科技高峰，与有关大专院校和科研单位协作，开展了多项科学研究，对加饭酒的机理和主体香进行了基础成分分析。为了缩短成品酒存放时间，减少仓库占用面积，他们进行了相关研究，用 $^{60}Co-\gamma$ 射线辐照和物理方法加速陈化；为了降低成品坛酒的耗量，减少仓库占用量，降低劳动强度，进行了大容器贮酒的研究；为不断提高产量和稳定质量，进行了优良菌种的分离和筛选的研究；为了理清黄酒沉淀物的机理，进行了提高沉淀物稳定性的研究；为了实现传统酿造向现代化生产的快速转型，通过现代光谱学联合化学计量学技术对黄酒生产过程中的动态质量进行在线监测研究。

近几年来，这些科研项目大部分都取得成功，顺利通过了技术鉴定。不少工厂组织人员广泛搜集有关绍兴酒的历史材料，包括民间传说、工艺演变、技术条件和质量状况等，为不断进行绍兴酒的科技研究工作提供更为扎实的基础和条件。

制曲

视频：机械工艺 1

视频：机械工艺 2

筛米

浸米

蒸饭

前发酵

视频：机械工艺 3

视频：机械工艺 4

后发酵

视频：机械工艺 5

压榨

视频：机械工艺 6

澄清

视频：机械工艺 7

灌酒

视频：机械工艺 8

视频：机械工艺 9

储存

视频：机械工艺 10

视频：机械工艺 11

视频：机械工艺 12

第五节 黄酒副产品

绍兴酒是压滤酒,其主要副产品是压滤后的酒糟。它同样具有浓郁的香味,并含有大量淀粉、蛋白质和酒精等成分,有很大的利用价值。

酒糟的一个用途是制造白酒,称为糟烧。酒糟里不但有大量的酒精,还残存大量的淀粉,经密封贮存,让其中的残酶和微生物继续进行缓慢的糖化、发酵和成酯,月余后蒸馏,即得芳香的白酒。此酒浓香扑鼻,和润绵爽,回味悠长,是一种较高级的蒸馏酒,在江南一带颇有名气。它与汗酒勾兑成的一种白酒称为老酒汗,在1984年的轻工业部酒类质量大赛中,荣获铜杯奖。在夏天杨梅上市季节,人们拣些上等粒大的紫色杨梅,以50%vol糟烧,稍加白糖和冷开水浸渍,密封贮藏,半月余即可食用,这就是绍兴有名的杨梅烧,为家庭自制的果品饮料。盛夏酷暑,一天工作之余,边乘凉,边喝上一杯杨梅烧或吃上几颗鲜甜醉人的烧酒杨梅,很能解暑通气,爽神活血,解除疲劳。

酒糟的另一用途是可作为加工菜肴的添香剂。将未经蒸馏的新鲜酒糟轧碎后,加拌茴香、花椒、丁香等香料和适量的盐,充分拌和,装坛揿实,密封半年至一年,即成香糟,香糟呈紫红色,手感湿润,气味浓香,用来糟制鱼肉禽蛋等食品,以及烹饪调味之用,风味特别香美。在春节期间,绍兴城乡很多家庭都要用它来加工制作糟鸡、糟鱼等传统佳肴以飨客。据《嘉庆山阴县志》记载:"酒糟,诸物迎通其味即甘美。"可见用香糟加工和保藏食品是我国传统的食品加工方法之一,不但国内人民喜欢,国外顾客也欢迎。

经蒸馏后的酒糟,仍留有部分残余淀粉可利用,加入麸曲和酵母,再度发酵蒸馏,可得第二次白酒,称为复制烧,还可用以酿制醋和制曲等。被二次利用后的酒糟,仍有一定的营养价值,可直接作为禽、畜的精饲料。所以说,绍兴酒生产全过程中的副产品,没有一点废弃之物。

第三章
储酒之道　精致包装

"陶醉"一词妙趣横生，从字面可解为陶中的酒让人醉意绵绵，将酒醉与"陶"联系在一起，让人浮想联翩。绍兴黄酒色、香、味俱全，风味醇厚，酒体丰满，令人沉醉不已。此外，绍兴黄酒还有一套古朴典雅且独特精美的包装技艺，令人称赞不已，精湛的包装技艺与独特的储酒容器都是黄酒久存不坏且芳香四溢的秘密所在。

第一节　包装与装潢

酒的包装，是指盛装酒的器皿；酒的装潢，是指在酒器外部采用的工艺美术方法。

酿造酒的种类愈发丰富，用于存贮、温煮、饮用的酒器便应运而生。绍兴酒的包装和装潢，是随着酿酒工艺的发展而发展的。

从许多古籍记载和出土文物中可以知道，绍兴酒曾有许多盛酒器具，例如《国语·越语》中记述："生丈夫，二壶酒，一犬；生女子，二壶酒，一豚"，这种"壶"，即陶器类的酒包装。此后，酒器演变繁多，本书第六章中有专门介绍，这里着重叙述沿用至今的陶制大酒坛的包装特色。陶制酒坛从何时开始，很难考证，这种包装代代相传，越来越多，越来越好。从20世纪初期，大酒坛古朴端庄的形式更趋完善，不仅显示其朴实自然的形体之美，并逐渐规格化，其中有远销北方京津一带的25千克的"大京装"（也是沿用至今的大宗包装）和5千克的"小京装"，有行销南方的9千克"放样"，也有16千克"行使"、30千克"加大"、32~40千克的"宕大"等。这些规格中25千克装和9千克装依然沿用，其他的包装现已基本不用了。

从前的大酒坛壁四周还烧雕出表示美好祝愿的简单花纹和"状元及第""花好月圆""龙凤呈祥"等字样，这也是旧时"女儿酒"的一种包装装潢。现中国黄酒博物馆内还存放着1坛已有90多年历史（1928年即戊辰年生产）的45千克装大花雕酒坛。"花雕酒"的历史久远，经过长期流传和不断出新，名声日隆，备上一坛绘有五彩花纹的花雕酒已成为一种婚庆习俗，并盛行于绍兴一带。在过去，花雕酒坛内所装的只是一般的绍兴酒，因为经过多年窖藏，所以花雕酒实为陈年老酒的代名词。旧时又有一种称为"太雕"的酒，那是指年份更长的绍兴酒。现在的花雕酒，坛内所装的是贮存10年以上的金奖加饭酒。坛形则将以前的25千克大酒坛缩小成1千克、5千克、10千克等系列产品，坛壁彩绘雕塑，并配有古朴而雅致的礼品盒包装，名酒配以工艺美术装饰，便更加广受欢迎。

绍兴酒的包装多种多样，相较而言，最好的包装容器仍然是陶器。时至今日，盛装绍兴酒的陶制大酒坛，仍是其他材料所不能比拟的。陶制大酒坛在包装顺序上也是有讲究的，先在陶坛外刷上石灰水，既洁白美观，又能起到杀菌的作用；接着，灌入刚经过灭菌处理的热酒后，立即在坛口盖上煮沸的荷叶（起生香的作用）；最后用灯盏形陶盖

（起承受黄泥封盖压力的作用）压住，包以竹壳，并用竹篾扎紧（起封固作用），再用黄泥封盖（起密封和便于堆叠贮存的作用）。如此这般，便可利用热酒散发的热量，将荷叶、竹壳、黄泥中的水分烘干，防止霉烂，影响酒质，而且荷叶中的清香，会慢慢渗入酒液之中。同时，陶坛的分子结构不像玻璃、瓷器那样的紧密，在长期的仓储中，能随着气温的变化，起空气调节的作用，促进酒的陈化，且能久藏不变。因此，用大陶坛装酒，看来有点土气，但彰显自然本味，且符合科学的原理。

　　中华人民共和国成立以后，绍兴酒的包装和装潢根据国内外市场和人民生活需求的不同，逐渐从大包装生产趋向小包装生产。20世纪50年代，浙江美院邓白教授设计了一种形状仿照大酒坛、容量为1625毫升的四耳小陶坛，外施棕黄色釉，坛壁烧制成凸出的稻穗和叶片图案，用软木塞和红色鸡皮套封口，再吊扎彩绸带打蝴蝶结加以装潢，显得古朴大方，端庄美观，又便于拎提携带，是至今产量较多并深受国内外欢迎的小包装之一。20世纪70年代起，许多酒厂逐步改用国际上流行的"防盗式"铝盖，代替了软木塞、铁压盖的玻璃瓶封口。玻璃瓶规格从单一的500毫升，增加到550、640、750毫升，成为畅销国内外的大宗小包装。此外，还有单瓶和组合的大小礼品盒装、青瓷和棕色釉陶葫芦包装、象鼻花雕、竹节陶瓶等，真是琳琅满目，美不胜收。随着绍兴酿酒业对包装装潢的日益重视，绍兴酒的包装装潢已逐步走上礼品化、旅游化、系列化和多样化的现代包装技术路线。

古越龙山花雕酒酒坛

古越龙山花雕酒酒瓶

第二节　花雕工艺

　　绍兴花雕是从我国古代女酒、女儿酒演变而来。它是以酒坛外面的五彩雕塑描绘而命名，故称"花雕"。

　　有文字记载的女酒之说，是在《周礼·天官·序官》："酒人，奄十人、女酒三十人、奚三百人。"郑玄注："女酒，女奴晓酒者。""酒人"是古代官名。《周礼·天官·酒人》明确说明："酒人掌为五齐三酒，祭祀则共奉之。"在他之下，有宦人，有能酿酒的女奴，有才智一般的奚人（中国北方古民族）。这说明古代宫廷酿酒很多出自女性，她们既是奴隶，又是酿酒者，她们酿制的酒都是宫廷中的"官酒佳酿"。到了晋代，有今浙江上虞人嵇含著的《南方草木状》一书，明确记载："南人有女数岁，即大酿酒……女将嫁，乃发陂取酒，以供宾客，谓之女酒。"从这段文字来看，古代宫内秘酿的女酒随着历史的变迁，其酿制方法逐渐传到民间，成为江浙一带男婚女嫁风俗中的家酿佳品。

　　现陈列在上海博物馆的白瓷黑彩酒具，据考证是两宋期间专门盛装"女儿酒"的。这个宋代女儿酒坛造型别致，上下小，中间大，是长形酒坛，坛外以花草、飞禽和几何图案的黑色装潢，中间留有四个开光图，上写"酒海醉乡"的行书字体，显得粗犷厚重。宋代女儿酒坛的白底黑色图案和书法装饰的出现，显示了"女儿酒"的珍贵，也为后来花雕酒坛的发展提供了装饰上的先例。

　　南宋初期，绍兴曾是宋的陪都，而越瓷是当时全国最精巧的瓷器之一，因此陈列于上海博物馆的女儿酒坛与当时盛产黄酒的绍兴有一定的联系。至清代，李汝珍所著的《镜花缘》小说提到绍兴酒："是宗女儿酒，其坛可盛八十余斤。"第七十回还写道："每到海外必带许多绍兴酒。历年饮过空坛，堆积无数，飘到长人国，那酒坛竟大获其利。"原来"把酒坛买去略为装潢装，竟是绝好的鼻烟壶"，绍兴酒成为远销海外的昂贵用品。这不仅说明在国外运销的"女儿酒"已是大酒坛，而且明显地表明女儿酒坛已具有民间艺术的装潢特色，不像宋代那样，只是在酒坛外面先烧制图案成形的单一装潢。明代的酒坛装潢相当精致，特别是瓷陶的彩绘烧制成形比宋代有了长足的进步。1985 年 9 月 18 日《浙江日报》报道：香港一位收藏家在纽约以 120 万美元买下了一只 16 世纪中国明朝皇帝专用的带帽酒罐，造型精巧，装潢华丽。该酒罐以花鸟、草纹图案为主，这种装潢是靠瓷陶色釉烧制而成的。虽然这只酒罐不一定盛"女儿酒"，但作为酒坛艺术装潢的形象，反映了这个历史时期的特色。清代梁章钜《迹续谈》中记载："最佳者名女儿酒，相传富家养女，初弥月开酿数坛，直至此女出门，即以此酒陪嫁。则至近亦十许年，其坛率以彩绘，名曰花雕。"可见到了清代，"女儿酒"作为绍兴婚俗的陪嫁品，不仅盛行于民间，其酒坛的装潢也已从以往靠烧制成形改为由人工彩绘加工，因而被称为"花雕"。"花"是喜庆吉祥之意，"雕"是"老""美"之誉。所以，花雕由于酒坛外面的五彩图案装饰而得名，是绍兴婚俗礼品的文明美称。

　　清代《两般秋雨庵随笔》"品酒"中也说："于是乎不得不推绍兴之女儿酒。""女儿酒"所以名贵，因其佳酿陈年，"则至近亦已十许年""此各家秘藏，并不售人"。从上述两段文字记载来看，花雕酒不仅是因为其酒贮存的时间长，还在于其酒坛不是市场上随意可买的商品，而是一种珍贵的艺术品。坛外的雕塑彩绘要靠民间艺人手工制作，不可多得，因此它不是社会上的大众商品，而只流传于富家。一般百姓没有一定的家资钱财是难以得到的，当时普通人家往往是请人在酒坛上用凡红颜色一涂，写个大"喜"字或"寿"字，就简易代充了。

　　花雕酒坛的装潢形式虽然各有不同，艺术程度高低不一，但它的制作始终是非常讲究、非常审慎的。花雕酒坛的装潢形式来源于女儿酒坛的装潢技法，加以多种变化，经过较长时期的流转，特别是花雕艺人辗转相授，绍兴花雕技艺到清时，有两种形式流传于民间。一种是酒坛在土坯时就烧制成几何连贯花草图案，具有浮雕效果而有立体感，坛肚中留四个小圆形开光图。乡人用这种酒坛在酿酒时节装好酒，埋在地下或堆装在仓库中贮存。经过十几年，待用时从地下挖出，洗净坛外泥尘，在四个小圆形的开光图中贴上红纸，写上"喜"字，或写上"白头偕老""花好月圆"等吉祥如意之词。有的在四张开光图中直接用油漆颜色涂刷、书写或画花，这是比较讲究、阔绰人家的做法。另一种是普通陶坛，用同样的贮酒方法。取出后把酒坛洗净，请民间艺人在酒坛外面刷上凡红、朱红颜色，用煤黑粉调成浆色，用猪毛扎成笔，画上龙凤、如意图案，配上松、竹、菊、梅的简单图形，有的用油漆颜色代替。这种装潢的花雕酒坛，当时人们称为"画花酒坛"，因为没有立体感的图案，又称"平画酒坛"。清时这种装潢形式的酒坛较多，它不受烧制陶瓷的单一固定图案的限制，自由发挥，色泽鲜明，深受普通人家的欢迎。但受民间艺人加工水平的限制，有时彩绘酒坛比较粗糙、简单。

　　明清时期，由于绍兴酒的兴旺发达，花雕酒已从民间的婚嫁礼品逐渐扩大到祭祀、做寿、建房、开业等请客送礼的活动中。绍兴有不少民间画工靠绘制酒坛度生，也有不少酒作坊、酒店专营花雕买卖，有的还运销东南亚国家和港澳地区。咸丰年间，东浦"孝贞"、绍兴"高长兴"就有画花酒坛运销南洋。民国时期，绍兴酿酒作坊几百家，几乎都出售花雕酒，但以"平面画花"为主要装饰。多数的花雕坛是靠烧制而成的大酒坛，数量虽不多，影响却很广。

　　在光绪（1875—1908年）年间出产的六坛110斤（1千克＝2斤）装的大花雕酒坛，是以《水浒传》中"武松打虎过冈"的连环故事为题材，其平画彩绘装潢别致，立意较新，是花雕史上第一次出现的人物彩绘，且其题材又与酒有关，富有艺术情趣。作者是当时著名画家任伯年父子，他们的开创设计，使后来的花雕不仅在画面上色彩鲜艳夺目，而且在内容上开拓了新领域，使我国历史典故的人物以画像陆续出现在酒坛上，这样更突出了酒文化的艺术情趣和价值。

　　晚清期间，绍兴花雕酒坛规格较多，有："京装"花雕坛60斤装，大花雕坛80斤装，"太雕"110斤装，最大的到150斤装。这种"京装"有的是陶瓷烧制成花草、飞禽图案，坛上写着"远年花雕"。东浦的"孝贞"酒作坊出品花雕，每年有几百坛运销北京，有的是民间艺人彩绘平面"画花酒坛"，这种酒坛的图案装饰近似当时的庙宇藻井和民间龙舟的船花装饰。还有一种称为"放样"花雕，20 斤装，最小的叫"画花精坛"，10 斤装，这两种花雕装置比较小巧，但多以凡红色作为酒坛的整体色块，坛外画上梅、兰、竹、菊等花草点缀，有的用贴金装饰，显得古朴、富丽。花雕多用在酒店陈设和喜庆宴会、男婚女嫁的活动中。花雕酒坛大小选择往往取决于家庭的钱财多少和贫富程度。大户人家女儿出嫁，轿前四坛花雕八人抬，轿后四坛花雕两人挑。在迎亲队伍中，更有趣的是牵着一头身上搽有红颜色的羊以示吉祥，大多数人是讨个吉祥如意，例如"白头到老""五世其昌""望子成龙""生女为凤"等词语，表达自己和亲友纯朴美好的祝愿。

民国期间，由于灾荒与战事频仍，许多民间艺人失业，因此"画花酒坛"得不到发展，装潢日益粗糙简化，花雕酒销售也日渐下降。20 世纪 20 年代，东浦镇林头村有一家王宝和酒作坊在上海开设了"王宝和酒店"，每年经销花雕酒坛 200 多坛。如果外销开通，花雕酒的市场仍是不小的。上海四马路口有一家绍兴人开的"高长兴酒店"，由于他酿制的香雪酒和竹叶青酒质量较好，每年销售 50 斤装的"画花坛"达 1000 多坛，主要销往南洋各地。

20 世纪 20~30 年代花雕彩绘有其特点，为 50 斤装"画花酒坛"，称为"路装花雕"。这种酒坛的装饰靠民间艺人手工绘制而成，坛外四面开光，写"百年好合""五子登科""恭喜发财"等文字，旁边画上"如意云头"图案，整个坛身的色彩大红大绿，比晚清间出产的花雕还要简单、粗糙。当时绘制花雕酒坛的人大多数是失业的油漆工和破产的农民，他们给酒作坊的老板加工，每坛加工费是 20 个铜钿，属包工包料。这些艺人为了赚钱度日，多以猪血浆替代油漆以降低成本，每人每天绘制酒坛达 30 多坛，但仍不到一元银钱的收入。生活的煎熬使他们无法精心投入，精雕细刻。所以从晚清到抗战期间，"画花酒坛"的装潢大多仅是形象形色而已，这样由家酿秘藏的彩绘花雕扩大到批量生产的经销产品和社会大众化的商品，从少量的礼品制作花雕到有多种规格和多种装饰形式的花雕后，花雕已流俗为以单色为主的普通低档产品，这就是这个历史时期的花雕泛滥现象。像任伯年父子那种工笔重彩的人物"画花酒坛"，已是绝少、罕见的艺术品了。

到了 20 世纪 40 年代初，绍兴花雕酒坛出现了新的装潢形式，即上海"王宝和酒店"中陈列的四坛"精忠岳传图"。其彩绘用沥粉装饰，贴金勾勒，坛身仍沿袭四个开光图。图内的人物不是像过去用平画的形式，而用浮雕的手法，用油漆着色彩绘。这种花雕比陶瓷烧制图案更富艺术性，比"画花酒坛"的五彩装饰更精致，明显地反映出浮雕形象的装饰性。这种人物浮雕的脸谱、形象基本上依佛像的雕塑方法表现，使花雕的装潢与堆塑浮雕造型艺术相结合。这四坛花雕酒坛是当时绍兴鹅行街的朱阿源师傅彩绘的，他是专门为庵堂庙宇塑泥菩萨和装饰店堂门楣的一位民间艺人，具有一定的泥塑雕刻技术。由于历史的局限，他对酒坛装饰与商品的关系不会也不可能去另立名目，所以当时没有"花雕"的商号和牌名，仍称为"画花酒坛"。倒是在民间称谓中，"花雕"已成了老幼皆知的名词。在这期间，东浦的云集酒作坊也生产过"陈年花雕"12坛，其图案有"三国戏剧人物""百子图""财神图"等。还有几坛是山水风景平面图，均用油漆彩绘，既有中国画的笔意，又有西洋画的色调。可见，在20世纪40年代，绍兴花雕酒坛虽没有多大的生产量，但出现的都是精雕细刻的作品。在绍兴腐乳坛上，也有花雕形式的装潢出现过，只是数量不多，纯作陈列宣传之用。当时的民间艺人已在不同程度上自觉或不自觉地接受了其他绘画风格的长处。那种民间船花俗气的格调和庙宇的五彩油漆着色虽醒目，然使人感到陈旧迂腐。当时绍兴花雕的装潢水平大多仍停留在民间绘画粗犷、稚拙的基础上。

其实花雕的堆塑和浮雕形式并非当代才有的创作。在清代绍兴药店中，挡风牌上早已有"八仙图""长寿图"；在庵堂庙殿的对联和门楣上，常见有兽形图案；而宁式家具也有精美的装饰图案。这些也多以油泥堆塑装潢，东浦赏枋"戒定寺"的门联就是这样，至今遗迹尚在。据说在南宋初期，绍兴有相当一部分民间艺人背井离乡，远奔他方，有的到了温州，安家落户，从事民间彩塑装潢。而今的瓯塑不论配方，还是堆塑浮雕的操作过程和技法，基本都与绍兴花雕工艺属同类型的姐妹艺术。50年前，瓯塑称"油泥堆塑"或"油泥彩塑"，这与绍兴花雕的俗称是完全相同的。20世纪50年代末，温州有"西湖天下景"的彩塑代表作，陈列于首都人民大会堂浙江厅，受到周总理赞扬并提名"瓯塑"，从此瓯塑闻名遐迩。绍兴花雕工艺粗糙，又局限在酒坛上，停留在民间中，以致被后来者居上，成为历史的遗憾。

到了20世纪50年代初，花雕坛基本停产。由于片面理解移风易俗，花雕酒在男婚女嫁的活动中已不是作为陪嫁的必须礼品。但作为地方上一件曾在历史上有誉的产品，依然给人们较深的影响。为此，当时的绍兴酒厂为了恢复这一传统产品，请来了专做花雕酒坛的老师傅——东浦人蔡阿宝。蔡师傅自幼学艺，13岁拜绍兴市内鹅行街朱阿源为师。他从师多年，刻苦勤学，不仅学到了师傅堆塑佛像的本领，还学了一手油漆专技。在他满师后，行艺于绍兴城乡，靠塑佛像、画船花、给花雕做油漆等谋生度日，二十几岁名闻东浦十里乡间。他受绍兴酒厂之聘后，带领他的弟子门徒四五人重操绘制花雕专业。当时他画花雕全是50斤装的大酒坛，沿袭20世纪40年代所流行的沥粉图案、四面开光的人物浮雕画面，每年生产量只有10坛左右。1958年以后，受到当时宁波专署的重视，花雕不仅在绍兴酒厂生产，还在青甸湖酒厂加工。随着绍兴酒的声名鹊起，又吸引了不少国内外的知名人士前来参观访问，重新受到各方面的关注。这样，在当时酿酒公司的支持下，蔡师傅对长期流传的所谓"画花酒坛"的装潢进行了艺术上的大胆创造和探索。他结合自己原来的佛像堆塑基本功，对"画花酒坛"的主题图由原来的彩绘平面改为人物油塑浮雕图，然后上漆着色，显示了花雕工艺的新面貌。整个酒坛的艺术形象是以油泥堆塑为主、沥粉装饰图案为辅，色彩上依旧以大红大绿为原色，加以贴金统一，显示出金碧辉煌、富丽堂皇的艺术特色。但由于受历史条件的局限及作者缺乏一定的美学文化素养，光凭一种能工巧匠的热心和责任感，艺术上的创新和提高仍然是欠缺的，依然脱胎不了民间的船花、灶花式的装饰，浮雕艺术仍处在"工繁艺不高"的档次。当时的花雕生产每年只有 50 斤装大坛 100 坛左右，当然不能成为大批量生产的商品。不过这时出现了"陈年花雕"的商号，并作为花雕酒坛的正式名称。

20 世纪 50 年代末，花雕艺人对中国传统的"龙"和"凤"图案还不敢大胆应用，而多是以花草、鸟类的图案作装潢，甚至在酒坛上也曾有"大炼钢铁"的现代题材。20 世纪 60 年代初，花雕又一度停产，到了 1964 年，绍兴花雕坛只在绍兴酒厂一家单独生产，花雕艺术也停留在 20 世纪 50 年代的水平上。这一点，从浙江博物馆现存 1964 年出品的两坛"三国人物"为题材的花雕中可以证明。

1966 年"文化大革命"开始，因为花雕坛上有着"帝王将相、才子佳人"的传统题材，毫无疑问成了首当其冲的"专政对象"，遭到了史无前例的横扫，几乎达到毁灭的地步。

花雕第二次恢复生产是在 1972 年 3 月。由于停产间隔时期较长，专做花雕的艺人已寥寥无几，有的去世，有的改行，唯一剩下的蔡阿宝师傅也已到花甲之年了。当时东风酒厂四处请人，确实也找到不少民间画工，然而他们对花雕传统工艺的配方、装饰还不够了解，开始恢复花雕坛仍是以"平面"的形式为主，生产量也很少，每年不到 200 坛。"平面酒坛"的图案除"西游记""嫦娥奔月""水浒传"等人物外，大量的图案是山水风景装饰，风格上具有扇画舞美的明显戏剧色彩。这给酒坛的色彩改进带来了新意，增强了民间传统色彩和时新油画相结合的风俗画风。当时，外贸事业正值发展态势，所以绍兴酒厂步东风酒厂后尘，重新请来蔡阿宝师傅，凭借着他老艺人的声誉和堆塑浮雕的专门绝技，批量生产花雕，每年达到 400 多坛，但生产的是 20 斤装的放样酒坛，酒坛装饰仍是四个开光图，不同于大坛装潢的两面为浮雕人物图，两面为山水平画，舍弃了过去四面均是浮雕装饰的烦琐画面。50 斤装的大花雕作为少量的陈列品只做了六坛，因体积大，运输困难，便自然减少了产量。

20 世纪 70 年代初期的花雕酒由绍兴酒厂、东风酒厂两家生产，都是同一规格的 20 斤装酒坛，所不同的是艺术装潢表现手法一是浮雕，一是平面。前者很快受到外贸部门的欢迎，第一批 50 坛运往中国香港以后，1974 年春季广交会上订货倍增。后者虽被外贸收购，可是由于"平画"出自多人之手，画面不统一，装潢技巧高低不一，达不到规范的次品较多，虽有出口，但往往以退货告终，因此东风酒厂曾一度中断花雕生产。不久，绍兴酒厂改为酿酒总厂，党委书记刘金柱过去曾因生产花雕受到批判，在他重新出来主持酿酒工作后，首先提出花雕作为绍兴酿酒传统文化特色亟待发展。他多次通过各种场合进行宣传、呼吁，引起了轻工业部、省市有关领导和部门的重视，并将绍兴花雕酒作为正式称号和品牌固定了下来。但正当绍兴花雕酒重新得到生存发展时，1975

年开始了"批邓、反击右倾翻案风"运动,花雕酒第三次被迫中止生产。在 20 多年时间里,花雕生产"三起三落",其损失是可想而知的。任何艺术的成长,离不开艺术本身的实践,是在研究、总结、再实践的多次循环中精益求精的。花雕本是一种流散在民间的工匠技术产品,既没有长期、稳定的生产实践条件,又没有从理论上去研究、指导,也没有适宜专门人才培养的氛围,完全处于自发的状态。由于历史和社会原因,花雕技艺一度中断,直至 20 世纪 80 年代绍兴酿酒厂开始大规模恢复该技艺。

1978 年,花雕再度上马。这时,老艺人已经全部退休,绍兴酿酒总厂为了及时抢救绍兴传统花雕产品,做了长远规划和打算,重新聘用原绍兴酒厂、东风酒厂的花雕人员,并在组织上加强领导管理,组建了花雕生产组,使即将枯萎的花雕艺术之花很快得到滋润,重新获得生机。在 1978 年花雕恢复生产阶段中,仍以 20 斤装的花雕坛为主要产品,尽管从设计到工艺操作仍沿袭以往的形式,但传统题材的创新比以往有了较大的变化。例如坛身的沥粉图案从过去的云头图案自由化,规范到与历史典故和主题相结合,根据我国各个历史时期流行的图案进行系列化的表现,从而使历史的传统色彩和图形有机配合,使酒坛的装潢更具有鲜明的时代性和系列性。例如"寿星图"反映长寿吉祥,坛身的图案多配上"松鹤延年""如意云头"图,整体色块以朱红、金色为主,具有富丽堂皇之感。"三国""水浒"题材以汉代和宋代的壁画、织锦色彩为基调,反映当时历史的风貌。坛上的浮雕人物从过去的简单形似,加深了雕塑的写意夸张,突出人物个性的神似,特别对人物面部的喜怒哀乐的表现比过去有了较大的改进。在艺术上继承了传统堆塑浮雕形象的变形手法,舍弃了那种老、幼、妇、孺的雷同的形象。过去对传统题材人物浮雕的服饰往往采取戏剧化妆的格调,改进后,根据题材的时代,真实地反映那个时期的绘色,使浮雕人物栩栩如生,更具时代感。加上彩绘中借用中国行画、重彩工笔画的表现手法,更显得古朴庄重,光彩夺目。由于工艺上的这些重大改进和提高,使花雕坛从原来的民间风格逐渐升华为工艺美术的规范,促使外贸销售量迅速提高。在 1979 年春季广交会上,新加坡的客商一次性就订购 1000 坛,当时的年产量还不到 200 坛。中国香港有一位客商觉得 20 斤装花雕体积太大,提出需要比 20 斤小的酒坛。因此酿酒总厂在 1979 年开发出 10 斤装的花雕坛。这种酒坛比 20 斤装小,图案题材都与 20 斤坛一样,所不同的是浮雕人物的形象相对小一点,人物造型要求更精致。10 斤坛的设计打破了过去酒坛上四面开光图装饰的习惯,采取"两面开光",一面浮雕,一面沥粉图案。在浮雕的历史典故上,配上相近含义的图案,例如:"嫦娥奔月""天女散花"等仕女图,背面就是"凤穿牡丹""丹凤朝阳"等意向性的图案相配。"武松打虎""太白醉酒"等男性图,以"二龙戏珠""腾龙"图相衬。由于中国的龙凤是人们习惯的崇拜吉祥物,在酒坛装潢上的设计应用更具有它的特殊风格和审美情趣。因此,10 斤坛很快成了外贸的畅销品,供不应求。但当时只有两名花雕专业人员,花雕坛年产只有 50 坛,要担负起全部花雕坛的装潢设计和彩绘雕塑显然是不可能的,因此专业人员的缺乏成了花雕发展缓慢的主要原因。

1980 年，绍兴花雕坛在重庆获得了全国轻工业产品装潢设计优秀作品奖。获奖的作品是 20 斤坛的"湘灵"图和"煮酒论英雄"历史图。这是绍兴花雕有史以来第一次作为工艺品获得全国性的金奖，声誉大振，为绍兴酒增添了光彩。当时古城绍兴是国际友人经常光顾旅游的城市，酿酒总厂每天有不少外宾来参观。花雕作为我国酒类中唯一的文化艺术品，颇受国内外来宾的喜爱。由于当时只生产 20 斤装、10 斤装的花雕酒坛，给来宾购买增添了携带不便等诸多困难。因此，设计人员根据国际市场和旅游事业的发展要求，于 1980 年又开发设计出更小更精致的 2 斤装花雕坛。这种酒坛形状小巧，体积轻便，显得更灵巧、精致，配上纸盒包装，使来访宾客和客商携带方便，其图案装潢也更具有工艺美术品格调，有浮雕人物，花鸟、山水的精花雕，还有沥粉图案平画花鸟的简花雕。其色彩装潢用大红、黑色、贴金为主体，体现了古越传统的色彩特色。浮雕人物彩绘有的用工笔重彩渲染，有的靠清一色的堆塑直接表现在坛上，配上沥粉图案的壁画装饰，具有雍容华丽、雅俗共赏的艺术特色。第一批以四坛"仕女古乐图"浮雕和四坛"福、禄、寿、禧"沥粉图在中国香港销售走销，接着日本"宝酒造"老板愿以高价常年进销，外宾也争相来厂竞购 2 斤坛作为旅游纪念品。2 斤酒坛形式的出现，是绍兴花雕在 20 世纪 80 年代复兴的标志，也是提高知名度、弘扬工艺美术品的开始。

1981 年，绍兴酿酒总厂对花雕生产的发展做了重大战略调整：设立花雕车间设计室，扩充人员，培养年轻的专业花雕人员。花雕车间从成立以来，不断开发花雕新品种，年产量从原 200 坛增加到 1 万坛。花雕酒的规格从单一到多样化：有 20 斤装、10 斤装、3 斤装、2.5 斤装、2 斤装、1 斤装等形式，题材丰富。其浮雕彩绘对象从我国古代神话故事到历史文化典故，有春秋战国的，也有唐、宋、明代的，有《三国演义》《水浒传》的，也有《红楼梦》人物的。突出的人物形象多以仕女为主，故事情节与酒有关的颇多。例如"太白斗酒诗百篇""贵妃醉酒""武松打虎""煮酒论英雄""史湘云醉卧图"等，有丰富的生活情趣和深厚的酒文化内涵。当然，也继承了过去传统的吉祥图案题材，如"八仙神通图""寿星图""嫦娥奔月""天女散花"等，富有神奇、美好的抒情色彩；还有绍兴的十大风景图和四时花卉飞鸟图，给人以古越名胜秀丽可亲之感。在题材的设计选择上，我国数千年文明史上的许多传统题材都是创作和发挥的宝贵素材。在酒坛的小天地中，呈现出酒文化的风姿多彩。

在 20 世纪 80 年代中期，绍兴花雕酒坛不仅在国内多次获得全国、华东地区省、市级的优秀设计包装、装潢金奖，还在 1985 年西班牙马德里国际酒类博览会上获得金质奖。

1987 年《世界经济导报》介绍："由于绍兴酒坛的装潢艺术得到了改进，赢得了外商的竞购。"从此，花雕成为中国黄酒出口创汇的主要产品之一，供不应求。

1988 年 10 月，在西安举行的"中国首届酒文化博览会"评选中，绍兴花雕坛获得特等金奖。同年 12 月，在北京"中国首届食品博览会"上又获得金牌奖，被北京钓鱼台国宾馆列为国家宴会专用礼品。1989 年，又获得轻工业部颁发的"全国轻工业产品优秀工业设计金龙腾飞奖"。同年，还获"花雕"文字注册商标和国家专利局颁发的外观设计专利，其专利号为：883017326。

20 世纪 80 年代后期，绍兴花雕坛主要出品厂家是绍兴市酿酒总公司花雕车间，其他乡镇酒厂虽相继仿制但数量不多，多以陈列产品宣传用，不形成批量生产。

20 世纪 90 年代以来，绍兴花雕又有很大变化和提高。特别是 1992 年日本天皇访华，绍兴花雕酒坛被列为我国政府赠送礼品之一。该酒坛的题材与众不同，主要画面是以中国的长城和日本的富士山、梅花和樱花图案组成的浮雕作品。坛旁题写"中日友谊，一衣带水"的沥粉书法，有两坛花雕由天皇带回国内收藏。事后，日本酒商纷纷来绍兴，要求订购绍兴花雕坛。1993 年预订达 5000 箱，绍兴市酿酒总公司花雕车间一年生产量之数仍供不应求。是年，绍兴城乡兴起"花雕热"，出现一大批作坊式小型生产点，有乡镇酒厂的，也有个体的，绝大多数都是仿制市酿酒公司出品的花雕坛。这些"花雕"无厂名，无包装，制作水平较差，除市旅游公司常年生产外，其他终因不成气候，不久便在市场经济优胜劣汰的竞争中自生自灭了。

1994 年，绍兴酿酒总公司与沈永和酒厂联合组成中国绍兴黄酒集团公司，绍兴花雕改建为花雕厂，徐复沛作为绍兴花雕技艺的正宗传人担任厂长兼设计室主任。目前，绍兴花雕的油泥堆塑花色品种达 200 余种，酒坛造型从原来的单一大酒坛发展到 8 种不同造型，11 种不同的规格。这一坛坛大小、造型不一的花雕，五彩缤纷，奇俏瑰丽，曾 30 多次获得国家、国际评比金奖、大奖、优秀奖，年产达五万坛以上，为中国黄酒开拓了一条艺术装潢的道路。近年来中国黄酒在市场经济竞争中进行了内部体制改革，促进了生产技术的改进和提高，使原来靠人工全方位整坛制作改为靠生产流水操作，实施了 ISO9000 国际标准，改变了传统手工作坊的小生产面貌，建立了现代企业的集约型生产，从而使这个古老传统产品成为集绘画、书法、雕塑、文学于一体的，与中国名酒相结合的工艺美术品，不仅成为绍兴历史文化名城的特色产品，也是目前中国酒类唯一具有强烈民族文化特色的艺术品。

1995 年，中国绍兴黄酒集团公司花雕厂设计室内油泥堆塑浮雕题材和图案达 200 多种。花雕坛大小规格从 0.3 斤、0.5 斤、1 斤、2 斤到 48 斤装有 11 种，新品种开发达 8 件。1996 年以来，又先后开发了新产品 4 件。这些题材、图案、品种都受中外客商欢迎认可，常年选择购销。

综合该厂的花雕艺术，有三方面特色：第一，油泥堆塑、浮雕艺术形象地提炼吸收了陶瓷、石雕、木雕等传统工艺的写意夸张手法，淘汰了传统花雕的佛像程式化的单调装饰，根据不同的历史年代和人物题材的主题思想，形象刻画主要表现在生活、情感的形似和神似，体现了立体感较强的形神兼备的艺术效果。第二，沥粉彩绘精致装潢。根据不同的人物题材，配上合乎情意的沥粉图案、诗词书法。其彩绘摆脱了过去民间船花、庙堂式的大红大绿的色块装饰，借鉴我国古代壁画中的工笔重彩方法，以金、红、黑为主要装潢色调，反映了吴越传统文化鲜明典雅的色调，开创了酒坛上的沥粉诗词书法，使酒坛色彩既文雅有趣，又古色古香，给人以美的享受。第三，酒坛的造型风格多样。从原来单一的大酒坛形状，已开发8种不同造型的酒坛和酒瓶，最引人注目的是那种小巧玲珑、精致典雅的小酒坛。

绍兴花雕，这朵酒类工艺美术中的艺术之葩，在中华民族博大精深的优秀传统文化孕育下，必将继续发扬光大。

花瓶式古越龙山花雕酒

礼盒装古越龙山花雕酒

第三节 历史长河中的古越酒器

在黄酒文化的大家族中，酒具、酒器的种类丰富多样，造型千姿百态，是酒文化研究中特别值得注意的课题。人类自从有了酒，也就有了酒具，不过，当时很多酒具是与食具、饮具一致的，后来，随着生产的发展，这种分工逐渐开始了，于是出现了专用的酒具。尤其是商周时代，统治者认为"国之大事，在祀与戎"，因此十分重视祀神祭祖、燕宴庆典，这就要有各种各样的酒具，并冠之以许多专门的名称。据容庚、张维技《殷周青铜器通论》概述，当时酒具、酒器可分3类：一是煮酒器，包括爵、角、斝、盉、鐎等；二是盛酒器，包括尊、觥、彝、卣、壶等；三是饮酒器，包括觚、觯、杯等。此外，还有散、丰等。据《周官义疏》记载，这些不同的酒具"考其形则体圆足方，诸器略同。惟觯无耳，而觚与角、散皆有耳，丰则似豆（古代食器，形似高足盘，或有盖）而卑"。酒具名目不同、式样各异的另一个原因是它们之间的容量有大小之别。《韩诗传》又云："一升曰爵，二升曰觚，三升曰觯，四升曰角，五升曰散。"西周时，制礼作乐，什么东西都分等级，酒具使用也随使用者而不同，"有以大为贵者：宫室之量，器皿之度，棺椁之厚，丘封之大，此以大为贵也。有以小为贵者：宗庙之祭，贵者献以爵，贱者献以散；尊者举觯，卑者举角。""爵""觞"成了我国古代酒具的总称、通称。绍兴的酒具、酒器也与上述情况大体一致，但又有自己鲜明的地方特色，这就是北方古代酒具以青铜器为主，绍兴古代酒具以陶瓷器为主，而辅以青铜器和其他材料。因此绍兴的酒具与绍兴陶瓷业是同步发展状态，一部酒具史，可从侧面反映出陶瓷发展历史。同时，这些陶瓷的酒具，有不同的造型，有花色繁多的图案，因此从一部酒具史，又可窥见绍兴古代造型艺术、彩绘技术的发展。绍兴酒具是当时人们审美意识的记录，具有较高的美学欣赏价值。

下面作简要介绍：

（1）黑陶杯　黑陶杯是绍兴最早的陶制品饮器。河姆渡文化遗存中有大量陶器，尤其是第四文化层，出土陶片达10万多片，复原陶器两百多件，这是一种夹灰黑陶。到第一、二文化层中，发展为夹砂灰、红陶。这里就有许多当时或以后可以作为酒具的杯、盉等。当然，这时的陶器造型不规整，质量粗疏。在良渚文化和绍兴马鞍等新石器时代晚期遗址中，我们可以看到，陶器造型就较前规整了，那里的杯、碗、瓶、壶制作细腻，形状精巧，特别是良渚发掘的高贯耳壶、黑陶杯。黑陶杯黑色薄胎，上端呈盅形，上沿外卷，下端高足。20世纪70年代初绍兴西施山遗址出土的黑陶杯呈柄形，有把手，工艺精细，表现了远古人高超的制陶技术，是古越酒具中的杰出代表。

黑陶杯

（2）印纹陶鸭形壶　印纹陶鸭形壶是商代的酒具。1984年6月，在绍兴附近的上虞樟塘乡发掘了两座商代龙窑。这是浙江最早窑址，窑中有大量印纹硬陶片。1978年绍兴富盛镇曾发掘出烧制印纹硬陶的龙窑。它优于圆窑，窑身加长，容积增大，抽力也大，窑温提高，烧制的印纹硬陶比过去的陶器质量大为提高。这里有许多酒具，其中以印纹陶鸭形壶为代表，壶形似鸭，扁长，灰褐色，器表印有花纹。至西周，印纹硬陶更加发展，酒具制作工艺水平进一步提高。

印纹陶鸭形壶

（3）原始瓷的盉、盅、尊　春秋后期，越国由弱变强，经济发展，对陶器需求量激增。从现在发掘的绍兴、上虞等春秋战国龙窑看，出现了印纹硬陶与原始瓷同窑合烧的现象。这是原始瓷器的开始，是我国陶瓷业的一个飞跃，从此绍兴的酒具由陶向瓷发展。这时除杯、壶外，出现了盉、盅、尊等。

盉　　　　　　　　　　盅　　　　　　　　　　尊

1989年10月，在绍兴上灶乡发现了一批我国原始青瓷，其中有盛酒器盉5件，均为圆盖，环形或鸟形纽，直口，斜弧腹，兽蹄形三矮足。肩部按弓性提梁，盖面及肩腹部饰凸或凹弦纹数圈，并间隔S纹，器物通体施薄黄色釉。又有饮酒器盅20余件，均为尖唇，侈口，斜弧腹，平底。内壁有螺旋纹，外底为浅线纹，通体釉色青黄。绍兴漓渚发掘的231座战国墓中，原始瓷已占40%，酒具用瓷土作胎，外施一层薄薄的青中泛黄或灰青色釉，便于接触唇部，洗涤也较方便，胎质坚实，制作精美。这时的陶制印纹酒具仍很多，如瓮、坛等，且式样很多，纹饰十分讲究，有各种花纹、朱字纹、方格纹、回纹、米筛纹，有的是细麻布纹一类细密的纹饰，还做到了纹饰与造型协调，表明了当时人们已具有很高的审美眼光。

（4）圆形壶、钟、耳杯　秦汉时期，绍兴的酒具开始有了巨大的变化。这一时期我国的陶瓷技术进入新的阶段，尤其在东汉，成熟瓷出现了。成熟瓷首创于越窑，越窑是我国从东汉到宋1000多年中生产青瓷最著名的窑系。它生产的各种青瓷，包括酒具在内，曾长期称冠全国，风行海外，为我国古代主要海外贸易品之一。其烧制技术，即便是今人看来，也不禁叹为观止。

圆形壶

20世纪70年代初，在上虞发现了小仙坛东汉窑址瓷片，经中国科学院上海硅酸盐研究所测定，烧成温度达（1310 ± 30）℃，显气孔率和吸水率分别为0.62%和0.28%，抗弯强度达710kg/cm²，0.8毫米薄片可微透光。有这样的生产条件，绍兴酒具也就进入了一个新的阶段。当时出现了能盛米、水、羹、酒多种用途的圆形双耳壶和钟。钟的形状和壶相似，唯底部圈足增高。此外，还出现了方形的陶钫。不久，饮酒器的耳杯问世了。耳杯呈椭圆形，两侧附耳，用黏土作胎，外施酱色釉，造型纤巧，端庄中显生动，平实中有动感，使用方便，受人青睐。据记载，王羲之的兰亭聚会，曲水流觞所用的"觞"就是这种耳杯。因此千百年来，绍兴人民对它产生了一种特别的亲切感。耳杯造型风韵雅致，别具格调，为陶瓷史上一件珍品。

（5）鸟形杯、扁壶、鸡头壶　三国两晋南北朝时期，南方相对稳定，绍兴成为北方士人聚居之地，社会风尚崇尚清谈玄理，饮酒之风盛行。随着北方士人南迁，他们带来了北方的文化和习俗，进一步促进了绍兴地区的文化交流和饮酒文化的发展。这一时期，酒不仅是日常生活的一部分，更是文人雅士聚会、交流思想的重要媒介。此外，饮酒常伴随清谈玄理，反映了当时士人对哲学和精神世界的追求。这就大大刺激了酒的生产，也促进了酒具的发展。这时的耳杯，已用瓷土作胎，外施青釉，烧制温度更高。造型上，由东汉时的口沿平坦、浅腹平底，发展为口部两端微向上翘、底部收缩，因此更得玲珑精巧之状，具跳跃飞动之趣。耳

两晋南北朝时期的酒具——龙柄鸡头壶

鸡头壶

杯还常与托盘相配。这时的托盘已较东汉为小。东汉时托盘内可放五六只耳杯，南北朝时只可放两三只耳杯。托盘与耳杯色彩青绿，釉层透亮，交相辉映，甚是可爱。有的还呈褐色点彩，则更生动有味。饮酒器除耳杯外，还有其他不少讲究造型、纹饰繁杂的酒杯。1974年上虞百官出土的鸟形杯以半圆形的杯体为腹，前贴鸟头、双翼和足，后装一个上翘的鸟尾。鸟头圆首尖喙，双翅凌空展开，两足收紧腹部，酷似一只飞鸟，形象十分生动。喝酒时欣赏评点，达到了美与实用的完美结合。这一时期的盛酒器，除圆形壶、钟外，还新创制了扁壶和鸡头壶。早期的鸡头壶，在壶的肩部一面贴鸡头，另一面贴鸡尾，头尾相对，生动活泼，但头尾均实心。到东晋时，壶身变大，前装鸡头，中空，后安圆股形把手。在盘口上装酒，从鸡嘴中流出，造型更生动活泼，且十分实用，表现了古代人民的创造精神。

（6）高足杯、执壶　隋、唐时代是我国封建社会鼎盛时期，社会安定，经济繁荣，饮酒之风十分盛行。中唐以后，越瓷生产进入高峰时期，当时瓷器有南青北白之分。南青则以越瓷为代表，而越瓷的烧制有两种越窑。已故陶瓷专家陈万里先生在《越窑与秘色瓷》中提出，唐代"越窑是专门烧造民间物品的，秘色为烧造进御物品的越窑"，即

为"官窑"。这时绍兴的制瓷业不但窑址增加，产量很高，而且品类繁多，质量突出。唐人陆羽在《茶经》一书中盛赞越窑，说它"类玉""类冰"。皮日休《茶瓯》诗中赞越瓷："圆似月魂堕，轻如云魂起。"可见工艺水平很高。越瓷釉层滋润细腻，图案丰富多彩，花纹装饰除划花外，还有刻花、贴花，线条纤细、流畅，造型精巧、优美。隋唐时，绍兴饮酒具主要是高足杯、圈足直筒杯、带柄小杯、曲腹圈足小杯，以及造型别致的海棠杯。碗也是饮酒主要用具，陆羽评价越碗为天下第一。橙黄色的绍兴酒，倾注在青绿晶莹的酒杯中，色泽十分和谐，给人以美的愉悦。盛酒器主要为执壶，它由鸡头壶演变而来。执壶的上端为盘口，短颈，椭圆形腹，一旁贴六角形或圆筒形的嘴，另一旁置一把手。早期的执壶多以素面为主，后期饰以花卉或飞禽走兽。绍兴上灶官山越窑出土的一件执壶，约可装1斤酒，造型考究，长流圆嘴，与嘴对称有两股泥条黏合的把手，肩两旁贴双耳，耳面呈如意形，且耳面划有花朵纹，腹部用图案组成4个圈，圈内又刻花，圈外缀小花朵并连成纹饰带，嘴下腹部刻有铭文14个字："弟子魏仁皓舍入，观音院常住使用。"可见是施主魏仁皓在官山窑定烧，专门送给观音禅院的。与执壶相似的还有一种盘口壶，大盘口，喇叭颈，斜肩，椭圆腹，平底，肩部常有圆条形系。

高足杯

执壶

上虞等地还有一种多角瓶，直口，溜肩，腹部作上下两处束腰，凸腹部附朝上或朝下锥形角，每角4只。造型奇巧，不失为一种精美饰品。

（7）瓜棱壶、提梁壶、玉壶春瓶、梅瓶、韩瓶　宋元时期，南方的经济和文化逐渐超过了北方，尤其以绍兴为甚。社会相对安定，绍兴一度成为南宋的临时首都和东府（东府即南宋时期的行政机构，通常是指设在东部地区的府衙或政府办公地点），成为南方政治、经济和文化的中心。这一时期，绍兴不仅在黄酒酿造上有了显著的发展，而且在文学、艺术等方面也取得了丰硕的成果。南宋时期，绍兴因其特殊的地理和政治地位，吸引了大量文人墨客和商贾聚集，进一步推动了当地的文化繁荣和经济发展。绍兴酒也在这一时期基本定型，因此酒具生产也更趋多样化和地方化。然而，南宋以后，越瓷生产渐趋衰落，龙泉窑和景德镇窑相继兴起，称冠全国。当时绍兴的饮酒器主要是盏、把杯和碗，盛酒器各具色彩，除执壶外著名的壶有瓜棱壶、提梁壶，又新出现了玉壶春瓶、梅瓶、韩瓶等。其中玉壶春瓶最为常见，梅瓶的造型尤为优雅，它小口、短颈、深腹，实用性强，口部易于封闭。韩瓶状如梅瓶，但更小，质地比较粗糙，为民间低档酒瓶。上虞县宋代窑址达 30 多处，执壶最多，其装饰技术用划、刻、雕多种手法，瓜棱由凹线变为凸线，并多为两根并列双线，美观而又实用，这是工艺上的又一进步。

玉壶春瓶

韩瓶

（8）酒壶、烫酒壶、烫酒杯、酒盅　明、清期间酒具多种多样，有的在绍兴制造，有的由外地传入，尤其是酒具质量、原料越来越高级，造型精巧、高贵。根据文献记载，酒壶系唐、宋时期执壶演变而来，明至清中期仍称执壶，但在造型上较前期秀丽，把高流长，施釉更为润泽，光可鉴人，纹饰更多，五彩缤纷。其釉色有青花、祭红、祭蓝、洒蓝、黄釉、白釉、豆青等，又有三彩、五彩、粉彩、软彩之分。纹饰有云龙、缠枝莲花、花卉、花鸟、草虫、海兽、山水、人物、暗八仙等。到清晚期至民国时则通称酒壶，形制一般为四方形，器物外常绘粉彩仕女图。另外，特别值得提及的是，明、清时期出现了烫酒壶和烫酒杯。由于绍兴酒最好是热了喝，所以这种壶和杯特别受人欢迎。烫酒壶呈八角形、六角形，也有圆的，在壶中心安放一个容积小于壶、口径略小于壶口的盅，约可放入半斤酒，壶内倒入开水，盖上盖，使盅内的酒受壶内开水的热量而变温。烫酒杯呈圆形，形似蜜缸，杯中置一小酒盅，杯内放入开水，加盖，把盅内酒闷热。烫酒杯内的盅，容量小，多用于大家闺秀，也可作室内摆设用。明、清期间的饮酒器，一般为酒杯、酒盅。酒杯为单耳杯，亦可作茶杯。有一种套酒杯，从大到小，一只套一只，每套10只，玲珑可爱。酒盅大小不同，品种繁多，形状有圆形、齿口形、四方形等。除瓷质外，也有用紫砂制作的。

这一时期，明代永乐和成化年间创制的"脱胎瓷"酒具和清代乾隆时制造的"玲珑瓷"酒具在绍兴很多。这种瓷器的制作工艺达到惊人的高度。脱胎瓷，薄如蛋壳，釉色青白，俗称"蛋壳瓷"。清人形容它"只恐风吹去，还愁日炙销"。脱胎瓷酒具中以酒盅为多，盅的口沿内外壁均绘有如意纹珐琅彩，底部饰云龙纹，圈足外壁有一圈精致工整的回纹。玲珑瓷在乾隆时盛行。当时绍兴酒的生产正处于鼎盛时期，以这种瓷为美酒酒器，真是相得益彰，极具雅趣。玲珑瓷胎体轻盈，它先在瓷胎上选择与青花图案相应的位置，刻上里外对光透影、如芝麻一般大小的纹饰，然后内外上釉，使镂空纹饰部分透亮，并和青花纹饰相映，给人以幽雅的感觉。玲珑瓷制作的酒具颇多，有酒壶、烫酒壶、酒盅等。酒盅呈圆形，口沿绘珐琅彩的水波纹，腹部为透影的菊花纹、梅花纹等。用这样的酒盅喝酒，可以说是一种艺术享受。

（9）锡制酒具　这种酒具始见于明代，普及于清代到民国。绍兴冶锡技术早在春秋时就很发达。明时，锡箔业兴起，不少生活用具也用锡制。锡制用具不透水，不受潮，易密封，可用作盛酒具，也可以作温酒器。当时锡酒具有酒壶和烫酒壶，其造型有圆的，也有四方形的。

锡制酒具

（10）金、银制酒具　其起源较早，到明时较为多见。常见的有圆形茄盅，内壁用银，外包木层，涂上黑漆，浮雕暗八仙，一般10只一套，放于木匣内，也可作礼物送人。

（11）景泰蓝酒具　景泰蓝本是一种工艺美术品，在铜质器表涂上彩色珐琅质，绘上花纹，花纹四周嵌以铜丝，考究的嵌金银丝，再用高温烧成，始制于明代景泰年间，当时只有蓝色，故名景泰蓝。景泰蓝原系宫廷用品，盛行于景泰、成化年间。绍兴的景泰蓝酒具很多，有酒壶、烫酒壶、烫酒杯、酒盅等。绍兴酒很早成为朝廷贡品，用这种酒具相配，也正"门户相当"。这种酒具与金、银制酒具一样，多用于上层人士和富贵之家。

锡制酒具藏品展示

（12）角制酒具　角制酒具主要是犀牛角制，这种酒具出现很早，当时称为"觥"。《诗经·豳风·七月》："称彼兕觥"，后来成了酒杯的代称，成语有"觥筹交错"，即谓酒杯和酒筹交互错杂，十分热闹。明时，非洲犀牛角不断传入中国，开始时用作药材，后雕刻为工艺品，材料多了，也就更多地用于传统酒具的制作了。犀牛角酒具最多的是杯和盅。因为相传用犀牛角酒杯、酒盅，可以祛火消炎、降低血压，还可防毒除害，毒药如入犀牛角酒器内，酒即能起化学作用，泛起水泡，使人知道酒中有毒。因此，这种酒具尤受人垂青。另外，还有羚羊角酒盅、虬角酒盅、酒杯，以及其他角制酒具。

景泰蓝酒具

角制酒具

（13）竹制酒具　绍兴、诸暨、新昌一带山区盛产毛竹，有人就取粗大毛竹老头制作成酒具。有圆形、扁形两种，削磨精细，外刻花纹、鸟兽，大的可盛1斤酒，小的也可放半斤左右。粗野中见细巧，就地取材，是山乡老百姓的创造。

（14）铁制爨筒　绍兴一带酒店普遍用一种铁皮制的温酒器，名曰爨筒，状为圆筒形，上端大口，腹部稍收敛，也有的上下一般圆，平底，上端口外装一环形扣，以扣住热水器。爨筒小的可放 1 斤酒，大的能盛 5 斤酒，天冷时作烫酒器用。"跑过三山六码头，喝过爨筒热老酒"即指这种"爨筒"，这是绍兴特有的温酒器，朴素而实用，直至今日，久用不衰。绍兴酒具品种繁多，代有精品，盛传不绝，材料讲究，工艺精致，其造型和纹饰充分反映了各个时代的风格和绍兴的地方特色，反映了手工业和工业技术水平和人们的审美情趣。因此，它是一种实用的生活器皿，又是可供赏玩的工艺品。

竹制酒具　　　　　　　　　　铁制爨筒

第四节　最佳的贮酒容器——陶坛

　　陶坛是黄酒原始、朴素的一种包装方式，如今仍是绍兴酒的主要酿造和贮酒容器。用陶坛储存的黄酒香味更加浓郁，酒质醇和，口感鲜美爽口，更胜于用其他酒坛酿的酒，只有在陶坛里才能实现酿制黄酒的最佳境界。绍兴黄酒在陶坛里"越陈越好，越陈越香"，酌一杯老酒，感受此等佳酿别样的魅力、深厚的意蕴、幽雅的境地。

　　自古以来，其他材料的储酒容器也很多，但始终无法和陶坛储存的酒相比。古时盛装绍兴酒的陶坛容量较大，最大的达到 32 升，现在一般在 22～25 升。发酵正常的酒可以在陶坛里存放几十年不变质。盛绍兴酒用的陶坛一般采用黏土烧结而成，坛的内部和外部都要涂上一层釉质。由于陶坛壁的分子间隙大于空气分子，因此，酒液虽然在坛内贮存，但与空气并非完全隔绝，坛内会渗入微量空气，其中的氧与酒液中的多种化学物质发生缓慢的氧化还原反应。正是陶坛这一独特的"微氧"环境和坛内酒液的"呼吸作用"，促使绍兴

视频：为什么说陶坛是黄酒最主要的贮酒工具？

酒在贮存过程中不断陈化老熟，越陈越香。盛绍兴酒用的陶坛很有讲究，一般不能用刚出窑的新坛来灌装成品酒，新坛最好先灌装"带糟"（半成品），而后再来灌装成品酒。原因在于新坛疵点比较多，容易渗漏，对绍兴酒的陈化不利，也易导致酒质劣变。此外，由于新坛刚刚烧制而成，坛壁的毛细孔较多，直接盛酒损耗较大也是一个因素。

陶坛盛酒也有不足之处，主要有三个方面：一是贮存要"堆幢"，年年要"翻幢"，搬运劳动强度较大，给现代市场营销和物流运输带来不便；二是外观粗糙，不够美观，不利于提高消费档次；三是占库面积大，贮酒损耗多。按堆幢四层酒坛计算，每 1000 升酒占用库房 $1.43m^2$，每年贮酒损耗在 $0.5\% \sim 1.0\%$。这也是绍兴酒越陈成本越高，价格随之越贵的原因。

大约在 20 世纪 20 年代，陶坛式样、品种已基本形成系列，主要的式样和品种有：32 升装"宕大"酒坛；30 升装"加大"酒坛；25 升装"大京装"酒坛；16 升装"行使"酒坛；9 升装"放样"酒坛；5 升装"小京装"酒坛。

第五节　琳琅满目——精美酒瓶

从陶坛大包装转向瓶酒小包装的变化是社会变迁的缩影。酒器的变化及包装技术的发展与所处时代的经济发展水平和工艺水平密切相关，体现着酒文化的时代特征。

20 世纪 50 年代末，根据国内外市场的变化，绍兴酒在原大坛包装的基础上，推出了玻璃瓶装、小陶坛包装等品种。其中又以浙江美术学院邓白教授设计的 1625 毫升山东坛包装为代表。该包装外形和陶坛类似，在坛的肩部有 4 只"耳朵"，坛壁上有稻叶、稻穗浮雕，并饰以棕黄色釉，用软木塞和红色鸡皮套封口，再吊扎彩色绸带（一般为红色）装饰，整体设计古朴典雅、端庄美观、携带方便，融高雅和粗犷于一体，一时俏销国内外市场。

20 世纪 70 年代起，瓶装酒开始从单一包装向多品种、多规格转化，特别是瓶上吊绸带、饰锡箔、包透明玻璃纸的包装品种成为紧俏产品。紧接着，为满足外方市场需要，又推出了螺口"防盗"盖包装。酒瓶规格，从最初的 500 毫升，增加到 180 毫升、550 毫升、640 毫升、750 毫升等，瓶形有圆的、方的、扁的、多角的、磨砂的，应有尽有，形成了系列产品。

至 20 世纪 80 年代，为满足不断提高的消费需求和欣赏水平，绍兴酒开始全面提高瓶装产品的品位，大力实施形象工程。于是，各种规格和款式的小包装瓶酒产品全面上市，"8 年陈"以上的高档酒，几乎全部采用陶、瓷酒瓶包装，产品精选龙泉官窑（哥窑）、青瓷（弟窑）、宜兴紫砂、景德镇青花瓷、绍兴越窑等名贵瓷品作为盛酒容器，以软木塞封口，并配以精美木盒或高档硬卡纸盒，瓶形设计精巧，图案生动活泼，视觉冲击力强，整体设计融绍兴地方文化、形象展示、珍品收藏于一体。如采用宜兴陶瓷烧制的十二生肖酒，绘有绍兴酒酿造工艺图案的 10 年陈酒文化包装、竹节纸包装，绘有人物、风景、脸谱、十二生肖的浮雕酒，还有龙泉哥窑瓷器包装的 20 年陈花雕酒等，外观光彩夺目，形象生动逼真，深受高层消费者的青睐。这些产品的设计在提高绍兴酒品位的同时，也给饮用者带来美好的视觉享受，充分体现了绍兴浓郁的地方文化特色和丰富的人文历史内涵。

绍兴酒传统的包装形式主要为陶坛。为适应酒类市场发展，顺应现代消费潮流，满足时尚礼仪需求，自 20 世纪 90 年代起，绍兴酿酒业大胆探索，不断创新，通过实施品牌战略，主推各种小包装瓶装产品，并推出了很多款式新颖、选材讲究、设计时尚、文化气息浓郁、视觉冲击力强的新颖包装。会稽山、古越龙山、塔牌等几家大型企业，除了花巨资从国外引进先进的自动化灌装流水线外，还积极投资扩建年产万吨自动化瓶装流水线。1993 年和 1996 年，东风绍兴酒有限公司和塔牌酒厂先后从广东轻机厂引进年产万吨瓶装自动化灌装线；1997 年，绍兴黄酒集团从意大利引进一条年产 2 万千升大型自动化灌浆流水线，并从比利时引进一条年产 2.2 万千升玻璃全自动生产线；2004 年东风绍兴酒有限公司在原 1 万千升自动化瓶酒灌装线的基础上再次投资兴建年产 2 万千升瓶酒自动化灌装线。从陶坛大包装为主全面转向瓶酒小包装产品，绍兴酒业不但有力提升了自身品位，提高了产品附加值，也为最终实现生产、灌装的全程机械化创造了有利条件。从此，绍兴酿酒开始进入跨越式发展的新时代。

视频：黄酒的购买与收藏

产品展示一

产品展示二

十二生肖酒

第六节　黄酒的贮藏

　　各类黄酒的生产中，其生产工艺上都有规定一定的贮存期。黄酒是由粮食经过发酵酿成的非常复杂的有机液体，刚酿制出来的酒各成分的分子很不稳定，分子之间的排列又很混乱，因此，必须经过贮存。贮存的过程，也就是黄酒的老熟过程，通常称为"陈酿"。因为新酒都有口味粗糙、香味不浓厚、不柔和、不协调等缺点。如果要改变这些缺点，除了在工艺操作上加强管理，酿出好酒外，唯一的途径是通过"陈酿"来提高质量。一般名优酒的贮存期都要在3~5年。

　　贮存时间的长短，没有明确的要求，需根据不同的酒种来确定贮存的时间。一般要有一年的贮存时间，经历两次"霉天"。第一次是阴历五至六月，第二次是阴历八月桂花霉。经过两次霉变，黄酒变成了陈酒。陈酒醇香、绵软、口味协调，在香气和口味等各方面与新酒不同。

绍兴黄酒

视频：黄酒为何需要有一定的贮存期？

视频：黄酒贮存

视频：如何保存黄酒？

一、黄酒贮存过程中色、香、味的变化

1. 色的变化

　　贮存期间，黄酒的色泽随贮存时间的增加而变深，主要是酒中美拉德反应，生成类

黑精的物质所致。色变深的程度因酒种而不同，一般含糖分和氨基酸、肽等多的及 pH 高的酒易着色。所以，含糖、氮等浸出物多的甜黄酒和半甜黄酒，要比干黄酒的酒色容易变深。有些不加麦曲的酒贮存变色速度慢，是因为没有加麦曲，蛋白质分解力差，含氮浸出物少。所以，贮存期间色泽变深的快慢取决于糖、氮浸出物的多少。此外，高温贮存也可促进着色。酒的贮存时间越长，则色变得越深。在贮存期间黄酒色泽变深是老熟的一个标志。

2. 香气的变化

黄酒中的香气是其所含的各种挥发性成分综合反应的结果。黄酒里既有酒精的香气，又有曲的香气。曲香主要是蛋白质转化为氨基酸所产生的某些氨基酸的芳香，新酿制出来的酒带有的香气也就是曲香。各地黄酒的香气也不完全一样，但是新酒总不及陈酿后的陈酒香。黄酒的主要成分为酒精，又称乙醇。经科学分析，黄酒除乙醇外，确实有少量其他高级醇存在。这些醇类在长期陈酿过程中就会和酒中的有机酸起化学作用，产生一种称为"酯"的物质，这个化学作用称为"酯化作用"。各种酯都有其特殊的香气，如酒精与醋酸结合产生醋酸乙酯就具有鲜果香气，油漆中的香蕉水味道就是这种香。由于黄酒所包含的不是单一的醇和有机酸，因此，黄酒的香气也就很复杂，陈酒的香气主要来源于酯化作用。但是，黄酒的酯化反应是分子反应，它的反应速度是非常缓慢的，因此，酒的陈酿期越长，酒的香味就越浓厚。不过，一般陈酿 3~4 年就已有相当浓厚的酒香了，如果无限制地延长陈酿期，香气虽好，但酒精含量会下降，酒味变淡，再加上损耗又大，并没有实际意义。一般黄酒贮存一些时间就可以了，就是名、优酒也不一定贮存太长的时间。

3. 味的变化

黄酒在经过贮存陈酿之后，味的变化主要是从口味辛辣变成醇厚柔和。新酒的刺激辛辣味，主要是由酒精、高级醇、乙醛和硫化氢等成分所构成。黄酒贮存期间，受乙醇的氧化、酯化反应，乙醛的缩合，乙醇与水分子的缔合作用影响，再加上氧化物质与还原物质随贮存年份的变化而引起较大的改变以及其他各种复杂的化学反应，使黄酒酒体风味发生了明显的改变。所以，黄酒经过适当时间的贮存会变得醇厚柔和，各有机物之间化学反应更趋于完全，致使苦、酸、辣味协调，而使酒味变得恰到好处。另外，用曲量多的甜酒、半甜酒等糖分过高的酒，如果贮存陈酿时间过长，即过熟的酒，除了酒色变深外，同时也会给酒带来焦糖的苦味。

二、贮存管理

1. 贮存的时间

为了确保成品酒的质量，新酒都应该要有一定的贮存时间进行陈酿，不宜过早出厂。

但也不是贮存期越长越好，若发生过熟，酒的质量反而会下降。贮存期的长短应根据黄酒的成分变化、风味发展及微生物活性等因素共同决定。特别是黄酒中糖类、氨基酸态氮和挥发性成分的变化对成熟速度有显著影响。研究表明，糖类的转化、氨基酸的衍生化反应，以及酒体 pH 的稳定性，是影响黄酒陈酿的关键因素。此外，温度和氧气渗透率也会通过影响酯化反应和氧化还原反应，进而对黄酒风味产生作用。一般干型黄酒含糖极低，所以贮存期可以长些。有的不加麦曲的出口型酒虽然有较高的含糖量，但含氮浸出物的含量较低，贮存期也可适当延长一些。由于我国黄酒品种多，配料和酿造方法不一致，酒中成分差别很大，各种酒类的贮存期应该有所不同。对于含糖、氮等浸出物高的甜黄酒和半甜黄酒，贮存期过长会影响酒的色、香、味，往往会发生酒色变深和产生焦糖气味。但贮存后判断酒的老熟仍没有一个好办法，主要还是靠感官品尝来确定。

视频：绍兴酒的收藏有什么讲究？

2. 贮存的条件

由于黄酒是低度酒，长期贮酒的仓库温度最好保持在 5~20℃，过冷、过热都是不相宜的，过冷会减慢陈酿的速度，过热会使酒精挥发损耗，以及发生浑浊变质。所以，贮存的仓库要通风良好、高大、宽敞、阴凉，堆叠好的酒应避免日光辐射或直接照射，酒坛之间要留一定距离，以利通风和翻堆。另外，目前黄酒还是用陶坛灌装为主，以三个或四个为一叠堆在仓库内。每年天热时或适当时间，应该翻堆一次，即把上层的酒坛移位翻到下层，下层又翻到上层。这是因为上层和下层之间空气流通的情况不一样，虽同在一间屋里，上面和下面的温度是不平均的，因此，上层和下层的酒坛受温度高低的影响也不一样。为了使仓库里贮存的黄酒不至于上、下层温度有差别，造成陈酿程度不一而引起质量不一致，工厂应不厌其烦地进行定期的翻堆工作。另外还可利用翻堆机会，结合检查有无漏酒的情况，破碎泥头亦可趁机拣出。如仓库条件允许的话，还应把通道边的酒翻到里面，把里面的酒翻到通道口来，以创造均匀的供氧条件和温度条件。在运输过程中，首先要避免剧烈的震荡，远路运输需在酒坛上用稻草绳包扎好，堆放整齐，免得它们在车船中相互碰撞或碰落泥头，坛中的酒脚也不至于受到震荡而翻动起来，致使酒浑浊。另外，在运输途中特别要防止酒坛直接暴晒在太阳下，这样会使酒精成分挥发，有时还会把泥头冲出裂缝来，使杂菌乘隙而入，造成酒的变质。此外，经过长途运输后，为了使酒脚沉淀下来，一般要求静置 3~5 天，这样酒的色泽仍然会很清亮。

目前黄酒的贮存还是采用陶坛，让其在贮存过程中自然老熟，但是氧化、酯化反应速度都非常缓慢，所以，自然老熟贮存周期比较长，酒库占用面积大，积压资金多，自然损耗也大，给黄酒贮存带来一定的困难，是提高黄酒质量的一大障碍。如何缩短和加速黄酒老熟是目

视频：如何进行黄酒的陶坛贮存？

前亟待解决的问题，近几年来已有不少科研单位正在研究和探索人工催陈的方法。虽然已有一些进展，但都还停留在实验室试验阶段，没有应用到大生产上去，这是当前黄酒生产上的一项重要科学研究课题。

黄酒陶坛储存

视频：如何修补贮藏黄酒所用的陶坛？

第四章

营养丰富　百药之长

古人云："酒，天下之美禄也。面曲之酒，少饮则和血行气、壮神御寒、消愁遣兴。"黄酒不仅芳香馥郁，口感丰满，还能舒筋活血、驱寒暖胃，其中的某些成分具有潜在的健康益处，但其医药作用需要更多科学研究支持。随着物质生活条件的不断提升，人们也越来越追求高品质的健康生活，营养价值丰富的黄酒正迎合了当下消费者的口味，满足了大众的需求。

第一节　促进消化

据分析，以绍兴传统型半干黄酒为例，其总糖含量为 15.1~40g/L，非糖固形物含量为 13.0~18.5g/L，总酸（以乳酸计）为 3.0~10.0g/L，氨基酸态氮为 0.16~0.40g/L。值得一提的是，黄酒中含量丰富的氨基酸有 21 种之多，包括人体必需而自身又不能合成的 8 种氨基酸。尤其是赖氨酸，其含量与啤酒、葡萄酒和日本清酒相比，要高出 2~36 倍，这在世界酒类中是绝无仅有的。

黄酒中除了氨基酸外，还含有粗蛋白、麦芽糖、葡萄糖、醇类、甘油、维生素和矿物质等多种营养成分。氨基酸是蛋白质的分解产物，作为生命的重要组成物质，对人体的生长发育及维持体内氮平衡至关重要。由于人体无法自行合成必需氨基酸，绍兴黄酒能够直接提供这些必需氨基酸，满足人体需求。此外，氨基酸属于小分子物质，因此绍兴黄酒因其富含小分子氨基酸，不仅具有较高的营养价值，还能被人体迅速消化和吸收。

第二节　预防慢性疾病

黄酒中的功能性低聚糖，是酿造过程中淀粉在微生物酶的作用下经生物途径而产生的。检测表明，绍兴酒中已检出的功能性低聚糖主要是异麦芽低聚糖，其主要成分为异麦芽糖、潘糖、异麦芽三糖等。作为国际上公认的第三代功能因子，异麦芽低聚糖能有效促进肠道双歧杆菌增殖，改善肠道微生态环境，降低血清中胆固醇及血脂水平，提高机体免疫力，预防各种慢性疾病的发生。

第三节　美容养颜

黄酒酒性温和，适量饮用可促进血液循环，加速新陈代谢。此外，绍兴酒中含有丰富的 B 族维生素，如维生素 B_1、维生素 B_2、烟酸、维生素 E 等，长期适量饮用可美容养颜。

第四节　镇静降压、提高记忆力

现代社会，随着社会竞争的加剧，面对巨大的就业、升学压力，生活节奏的加快，人们的心理负担日益加重。因此，人们利用酒具有镇静舒缓的作用来缓和紧张和焦虑的情绪，抚平内心的焦躁不安，从而有效保护心理健康。

最近，科研人员利用现代高科技手段从绍兴黄酒中检测到多种活性物质和降胆固醇的生物活性物质。他们从绍兴酒中检测出一种 GABA（γ-氨基丁酸），这是一种非常好的生理活性物质，具有降血压、改善脑功能、增强记忆、镇静安神、高效减肥及提高肝、肾机能等多种生理活性，非常有益于人体健康。

第五节　保护心脏

黄酒中不仅氨基酸、麦芽糖、葡萄糖等营养物质丰富，还含有多种微量元素。微量元素虽不是衡量营养价值高低的指标，但与人类健康有着密切关系。现代医学研究证实，微量元素对于调节机体生理活动以及预防心脑血管疾病具有十分重要的意义。

据检测，黄酒中含有硒、锌、铁、铜、锰、钾、钙、镁、锶、钼等 10 多种人体所必需的微量元素。硒具有抗氧化特性，可以帮助提高免疫力，并有助于细胞防护，某些研究表明它可能在癌症预防中具有潜在作用；锌是许多酶的重要组成部分，参与了人体的多种代谢过程，是维持正常生命活动的关键因子，在黄酒中可能以有机结合物的形式存在，具有极高的生物利用率，能发挥重要的保健作用；铁、铜等是造血、活血和补血功能的关键成分；锰对调节中枢神经、内分泌和促进性功能有重要作用，还是抗衰老的关键因子（部分研究发现，长寿老人血液中的锰含量可能高于一般人，但锰的过量摄入可能带来健康风险，因此保持适量摄入尤为重要）；钾、钙、镁对于保护心血管系统、预防心脏病具有重要意义。

第六节　养生保健

黄酒一直和医药有关，据《汉书·食货志》中记载，"酒，百药之长"，古人早已认识到黄酒祛病养身的良好作用。《本草纲目》上说"唯米酒入药用"。米酒即黄酒，它能气通血脉、厚肠胃、润皮肤、散湿气、养脾气、扶肝、除风下气，且它热饮甚良、能活血、味淡者利小便。在中医处方中常用黄酒浸泡、炒煮、蒸炙各种药材，借以提高药效。如黄酒炮制中药，能使药性移行于酒液中，服后有助于胃肠血液对药物的吸收，迅速地把中药成分运行至全身，使药的作用发挥得更好、更有效，从而确保良好的治疗效果。《本草纲目》中详载了 69 种可治疾病的药酒，这 69 种药酒均以黄酒制成。就是在科学发达的今天，许多中药仍以黄酒炮制。黄酒不仅拥有一般

《本草纲目》

饮料酒的共性，还有其独特的个性，如黄酒中固形物含量特别高（30g/L 以上），酒的成分极为复杂，酒的营养特别丰富。绍兴酒独特的复合香以及集甜、酸、苦、辣、鲜、涩六味于一体的综合味觉体验，更使它如一颗璀璨的明珠，在众多酒类中尤为耀眼夺目。

第七节　最好的药引

自古以来，中医喜用黄酒入药，以此作为药引，可以促进药效的发挥，治疗疾病。药引即"引药归经"，广泛地和成药相配合在一起应用，将药物的有效成分溶解出来，易于人体吸收，起"向导"作用，可以引导药物的药力到达需要治疗的部位，进行针对性治疗，同时具有增强疗效、解毒、矫味、保护胃肠道等作用。

传统中医选择黄酒，而不是啤酒、白酒做药引是有其科学依据的。啤酒的酒精度太低，不能有效萃取中药的功效成分，加之其为外来酒种，早年在我国很少使用；白酒虽然对中药有良好的溶解效果，但刺激性大，不善饮酒者易出现腹泻、瘙痒等现象，且酒精浓度高，饮用过多会对人体系统产生一定的毒害作用。唯黄酒酒精含量适中，溶解性好，是最为理想的药引。

用黄酒做药引不仅能引药归经，而且具有一定的补益、祛湿、通络、活血等功效，特别是对一些因寒湿攻脾而引起的肠胃不适，用黄酒做药引疗效更佳。

北京著名的同仁堂药铺曾专门向绍兴章东明酒坊订购制药用酒。章东明酒坊为同仁堂酿制了一种名为"石八六桶"的专用酒，并存放 3 年以上再运至北京，这种特别酿制的专用酒也称为"同仁堂酒"，优质的药用黄酒闻名遐迩。清同治年间，军事家左宗棠身患"关隘阻隔，痰饮中梗"之症，首领胡林翼送去绍酒 10 坛，并告知"以沉香

视频：黄酒除饮用还有哪些作用？

浸酒，则永无关隔之症"，黄酒良好的医药用途可见一斑。

第八节　延缓衰老

有科学家研究指出，适量饮用黄酒对延缓人脑细胞的衰老具有重要作用。国内外研究显示，经常适量饮酒者比不饮酒者更为长寿，适量饮酒可以促进健康长寿。学者对黄酒降低血压活性成分和抗氧化活性成分进行了分离纯化与结构鉴定，对生理活性物质进行分析和测定，从功能因子上证实了黄酒养生的作用机理。

第五章

细酌慢饮　醇香四溢

人类发明了制酒以后，也就学会了饮酒，有的更以饮酒为生活中的嗜好，所谓"酒香飘自万人家""每日三餐酒伴饮"都是对人们饮酒、嗜酒的描写。绍兴人生长在酒乡，酿者多，嗜饮者也不少。黄酒酒性温和，宜小酌慢饮。鲁迅言道，绍兴老法喝酒须得"咪咪嗮嗮"，其乐无穷。自然呈现出绍兴百姓闲适自在、悠然自得的生活态度。积人们长期的生活经验和科学分析，饮酒应讲究方法。古人云："酒可济可覆，饮得适当，受益殊多，饮得无节，贻害无穷。"

第一节　冷饮

盛夏季节，现在也有冷饮的，可将瓶酒贮放在 3℃ 左右的冰箱里，饮时，在杯内放几小块冰，搅拌一下，饮后凉爽收汗，别有风味。20 世纪 70 年代，日本酒类消费量增长最快的是威士忌、白兰地等洋酒，他们有一种饮法，即在玻璃杯内先放入一些冰块，再注入少量酒，最后加冷水稀释（因洋酒酒精度在 42%vol 以上，属烈性酒），放入一片鲜柠檬或樱桃，微呷一口，如同一股清泉流入腹内，极感舒服，嘴里仍留有酒香。这种饮法的英文名称为 "on the rocks"。20 世纪 80 年代起，绍兴酒在日本餐馆里也效法试行，果然大受欢迎，1986 年销售量比 1985 年增加两成以上。元红酒一般以鸡鸭肉蛋类佐饮，最感适口。加饭酒佐以冷盘最佳，若陈加饭与元红兑饮，配蟹下酒，乃是饮者一大快事。江南自古风雅地，吴鳌越酒，人生绝境。先人们在菊花绽放、丹桂飘香的季节，邀来三五知己，以蟹佐酒，吟诗作乐，体会到人生的一种快意。善酿酒配以甜味菜肴或糕点最为适宜。香雪酒和古越醇酒宜冷饮，饭前饭后少量饮用最感适口、开胃，如在夏季，与冰汽水兑饮，也觉醇美可口。值得一提的，用绍兴酒醉蟹也是一道非常美味的菜肴，制作也不是很难：活蟹数只（每只二两重为最佳），用牙刷将蟹刷干净，挂在网兜里将水沥干，再在凉开水里将蟹清洗多次后，再沥干。然后用上好的母子酱油（约 3/5）和上好的古越龙山加饭酒（约 2/5）再加上大量的蒜头、生姜、大葱等物煮沸后，冷却并盛入容器内。沥干的蟹和汁一起倒入容器内腌制，常温一昼夜即可食用，鲜美异常。

人们喜饮，也就必然喜欢藏，尤其对一些好酒，贮藏起来以备节假之日招待亲朋之用，因此必须讲究保藏办法。绍兴酒属低浓度酒，一般放置在 15℃ 以下的环境中，不易变质。坛装和瓶装酒最好贮存在阴凉干燥的地方，若能放在地下室或地窖则更好，因其温度变化较平稳，而空气的干湿度也较合适，既能促进酒的陈化，又能减少酒的损耗。但如温度低于 -5℃ 时，也能出现冰冻，影响酒质，严重时会冻裂坛、瓶而遭受损失。经贮存的酒，会出现沉淀，这是自然现象，不影响酒质。坛装的酒有三怕：一怕动荡摇晃，使酒液翻动不易澄清，继而变酸。所以坛酒装车时，不要剧烈震荡，要稳固、挤实，以防坛间相撞开裂，途中要避免日晒雨淋，刚运至商店的坛酒要静置4~5天才能销售。二怕开坛、开瓶后久置。如在热天，开后久置，必致香尽味失，酒质变酸。若在冬天，开坛后，用沙包压住坛口，防止酒味扩散，并与外界空气隔离，可以贮存一段时间，保持酒质不变。大坛取酒，一般用酒提吊取，但要注意轻提慢吊，以防沉淀翻混，有碍色泽口味。另有一法，在泥头正中用铁杆打洞，插入玻璃管，一端接上橡皮管，要酒时，用虹吸法将酒吸出，这样可以放置较长时间不坏。三怕阳光。经阳光晒过的酒，温度增高，不但易酸，且颜色加深，影响色观。瓶装酒保存时间为1年，开瓶后当天喝完最好，一次喝不完的除盖严实外，不要放在阳光处，放入冰箱最好，也不要倒入金属器皿，因酒中的有机酸对金属有腐蚀作用，会增加酒中的金属含量，对健康不利。开瓶后酒中的水分与金属易产生氧化作用，还会影响香味和色泽，降低酒质。

第二节　温饮

李时珍在《本草纲目》中记载，黄酒"主行药势，杀百邪恶毒，气通血脉，厚肠胃、润肌肤、散寒湿气、养脾扶肝、祛风下气，热饮甚良。"绍兴酒宜加温饮用，细品慢酌，便可以尝到各种滋味，更觉暖人心肠，且不致伤肠胃。清梁章钜在《浪迹续谈》中说："凡酒以初温为美，重温则味减，若急切供客，隔火温之，其味虽胜而其性较热，于口体非宜。"所以，绍兴的酒店或家庭常用"串筒水烫"的热酒方法，妙趣横生。紫铜或马口铁制成的温酒器具——爨筒和烫壶，将酒隔水加温，随温随饮，不易过烫。在气温10℃以下的季节里，一天工作之余，喝上一杯热烘烘香喷喷的陈年老酒，真是其乐融融，所谓"爨筒热老酒，温暖在心头"，即指个中趣味。春日阳光明媚，秋季天高气爽，朋友间欢言笑语，把盏临风，何其快活。韩愈诗："尊春酒甘若饴，丈人此乐无人知。"杜甫诗："人生几何春与夏，不放香醪如蜜甜。"他们饮的也是如善酿一类甜酒。近代教育家蔡元培老先生也喜爱在家暖壶温酒，与朋友对饮。这种共同的乐趣也许就是大家钟爱黄酒的原因之一吧！

第三节　温酒器

自古以来，中国就有饮用温酒的传统。黄酒在加温后，其香气更加浓郁，口感柔和顺滑，饮用时尤为适口。而白酒经过加温，不仅能使酒的香气更加饱满，还能蒸发掉部分如醛类等对人体有害的物质，从而提高饮酒的安全性。虽然古人并不了解醛类物质的科学危害，但通过长期的生活实践，他们发现加温后的酒口感更佳，受到普遍喜爱。因此，温酒成为了中国饮酒文化中流传至今的重要习俗，反映了古代智慧与饮酒审美的深厚积淀。这一传统不仅适用于日常饮用，在祭祀、宴请等重要场合中也常有体现，成为礼仪中的一部分。很早以前人们已经发明了温酒器皿，上述《酒具》一节已专门做了介绍，其中宋代的"旋锅"和"汤桶"，明清时期的盘肠壶和穿心烫酒壶更是绍兴人长期用的温酒器。延至近代，金、银、铜、铁、锡、竹制的各种温酒器可谓琳琅满目，美不胜收。不论大小酒店，温酒器皿成为酒家必备之物。但绍兴酒店中最常用常见的温酒器却与他地不同，那是一种用白铁皮制成的圆形直筒，名叫"爨筒"，下颈较细，上颈较粗，颇似一个倒写的"凸"字。爨筒的容量有大有小，大的可盛5斤，小的只容半斤，一字形地排列在曲尺形的柜台上。客人来入座后，酒保问明沽酒数量后，即从坛中打酒入筒，放置在一旁的烫酒爨炉内，炉中贮满80℃的热水，隔水烫热，几分钟后，筒内的酒面上徐徐冒出热气，热气过多酒温太高则有损酒味，热气太少酒温过低则香气不溢。爨筒口子较大，冒出的热气多少可一目了然，便于掌握酒的适当温度。绍兴人有"热酒伤肝，冷酒伤肺，没酒伤心"之说，其语虽谑，也说明了酒温适中的重要性，人们喜用爨筒，道理正在于此。同时，用爨筒倒酒入碗，因口大颈细，筒口紧靠碗沿，不易外溢，又稳又快，点滴不漏。在绍兴，小板桌、大酒碗、白铁爨筒、白竹筷几乎是每家酒店的共同标志。但最有地方特色的当推爨筒，它成了绍兴热老酒的代名词，因而有"跑过三江六码头，吃过爨筒热老酒"的赞誉。

爨筒除了适宜温酒和倒酒方便之外，另一妙用是它易于将不同品种的绍酒临时配制在筒内，加温后让人享用。本来凡属酒类是不宜混饮的，《清异录》载："酒不可杂饮，饮之，虽善酒者亦醉，乃饮家所深忌。"白酒与黄酒就不能混饮，绍兴人最忌老（酒）合烧（酒）；黄酒与啤酒混饮亦风味全消。但绍酒中的不同品类只要混合配镶得好，却能增添风味，别具一格。由于绍酒中的不同品类如加饭、善酿、元红等，只是所用原料的比例稍有区别，其工艺流程则相同，酒中所含的糖度、酒精度和酸度虽然略有高低，内质并无二致。有的善饮者因而发明了混饮之法，经过无数次的混配试饮，得出了最佳比例，从而出现了"六十"与"十二四"两种别有风味、品质特佳的混饮酒。用六两（十六两为一斤）善酿酒与十两加饭酒，合成一斤称为"六十"；用十二两加饭酒与四两善酿酒合成一斤称为"十二四"。这两种酒兼有善酿酒的甜润和加饭酒的香醇，只有本地的善饮者才得以享用，外地顾客因不明其诀窍而难知个中滋味。这种"六十"与"十二四"，虽方法简单，但并非每家酒店都能配制，较小酒店通常存酒只有元红、加饭两种，无法满足顾客的需要。而"六十"与"十二四"必须刚从坛中吊出，随配随饮，方为最佳，如预先配制，则风味逊色，即使是大酒店也从无预先配制瓶装应市的，若要品尝，非亲诣酒店临时沽饮不可。

第四节　食饮

我们已经知道，黄酒有很多种饮法，但不同的饮用方法却有着不同的功效。凉喝黄酒，消食化积，有镇静作用，对消化不良、厌食、心跳过速、烦躁等均有作用。温饮黄酒，能驱寒祛湿，对腰背痛、手足麻木和震颤、风湿性关节炎及跌打损伤患者有益。饮用温热的绍兴酒还可以开胃，因为酒中所含的酒精、有机酸、维生素等物质，都有开胃的功能，能有效促进人体腺液分泌，从而增进食欲。浸黑枣、胡桃仁不仅补血活血，而且健脾养胃，是老幼皆宜的冬令补品；浸鲫鱼，清汤炖服能增加哺乳期妇女的乳汁；红糖冲老酒温服可补血，祛产后恶露；阿胶用老酒调蒸服用对妇女畏寒、贫血有较好的疗效；热酒冲鸡蛋将黄酒烧开，然后将打开的鸡蛋冲成蛋花，再加红糖用小火熬制片刻，常饮可补中益气、强健筋骨，对神经衰弱、神思恍惚、头晕耳鸣、失眠健忘、肌骨萎脆等症也有一定效果；与桂圆、荔枝、红枣、人参同煮可助阳壮力、滋补气血，对体质虚衰、夜寝不安、元气降损、贫血、遗精下痢、腹泻、月经不调均有疗效。

第五节　黄酒调味功能

料酒在我国的应用已有上千年的历史，国外像日本、美国以及一些欧洲国家也有使用料酒的习惯。从理论上来说，啤酒、白酒、黄酒、葡萄酒、威士忌都可以用作料酒。但经过人们长期的实践、品尝后，发现不同的料酒所烹饪出的菜肴风味相去甚远。经过实践，人们发现料酒以黄酒为佳，而黄酒之中，又以浙江的绍兴黄酒为上等烹饪佳品。在闻名世界的"中国菜肴"中，很多菜都是用绍兴酒作调料的，它已成了餐馆、酒楼、家庭必不可少的佐料。试验证明，用绍兴酒与普通黄酒烹饪同一道菜，两者风味悬殊。用绍兴酒烹饪的鱼、肉、禽、蛋等菜肴，其菜的风味较用一般黄酒烹制更为鲜美醇香。何以如此？业内人士经过研究，发现这与绍兴酒采用的原料和特殊酿造工艺所形成的丰富营养成分有着密切的关系。绍兴酒酒精度适中，酒性温和，营养丰富。据测定，目前绍兴酒中已知的成分有乙醇、单糖、多糖、氨基酸、维生素、微量元素等10多个大类100多种物质，其中氨基酸含量高达5000mg/L以上，而葡萄酒中只有1600mg/L左右。氨基酸是呈香呈味物质，给菜肴增添了香和味。

视频：黄酒和料酒的区别

（1）去腥解膻　绍兴酒在烹饪中的主要功效是去腥、去膻、解腻、增香、添味。鱼等海鲜中有一种称为"氧化三甲胺"的化学物质，在腐败细菌产生的还原酶的作用下可形成三甲基胺，这便是鱼腥味主要成分。鱼刚被捕捉时三甲基胺甚少，存放后即大量生成。肉类中有一种脂肪滴，有腻人的膻味，在炖煮中加入老酒后，脂肪滴即溶于酒精。因此，在烹饪鱼肉时，加点料酒，可以使其中的腥膻味随着酒精挥发而被带走，达到去腥解膻的目的。南北朝时期，贾思勰所著的《齐民要术》载有使用酒、醋"杀腥臊"的烹饪方。

（2）给菜肴添色增香　绍兴酒的酯香、醇香浓而不绝，芳而不冲，有别于蒸馏白酒的香气，它同菜肴的香气十分和谐。绍兴黄酒用于烹饪，不仅为菜肴增香，而且通过乙醇挥发，把食物固有的香诱发出来，使菜肴香气四溢，满座芬芳。绍兴酒中含有适量自然发酵产生的多种糖类，这些糖类除了给菜肴添味外，同时赋予菜肴鲜艳亮丽的色泽。

（3）使菜肴滋味鲜美　绍兴酒不仅含有丰富的呈香物质，还含有二糖、三糖、四糖等多糖类呈味物质，而且氨基酸含量较高，它和调料中的食盐形成钠盐，也就是味精，起到增鲜的作用，使菜肴具有芬芳浓郁的滋味。

（4）使菜肴质地松嫩　在烹饪肉、禽、蛋等菜肴时，调入绍兴酒能渗透到食物组织内部，微量溶解多种有机物质，从而使菜肴质地松嫩。烹调菜肴用酒的最佳时间，一般是在烹制菜肴的锅内温度最高的时候。但不同的菜肴加料酒的时机也不同，要特别注意把握火候，过早或过晚都会失去效果。像猛火炒菜，一般温度很高，故应在菜烧好时加料酒，太早，酒很快就挥发掉，起不到去腥解膻的作用；炒肉片要在翻炒时加入，然后再放其他调料；红烧鱼是先煎后炖，由于煎时温度高，料酒应在煎好之后炖鱼时放入；清蒸鱼等，由于烹调温度不高且时间较长，故应先加料酒，这样可以使鱼肉中的腥味被乙醇溶解并一起挥发掉，又能促使脂肪酸、氨基酸起缓慢的化学反应，从而使菜肴醇香鲜美；炒虾仁要待炒熟后加料酒；汤则不必放料酒；在名菜"佛跳墙"的制作中，炖制菜肴所用的瓦罐必须是装过绍兴酒的陈年瓦罐，用此容器炖出的"佛跳墙"那可真的能让人垂涎三尺，煨"佛跳墙"讲究储香保味，料装坛后先用荷叶密封坛口，然后加盖，这与绍兴酒酿制竟有异曲同工之妙。

第六节　下酒菜

我国古代对下酒之物，向有讲究。下酒物，亦称"按酒"，《说文》云："按，下也"。宋代"按酒"的菜肴，多有以鲊、粑为名的，是经过加工制作便于贮藏的鱼肉制品。大凡饮酒之人不喜以带汤的厚味食物下酒，水酒与干货，热酒与冷菜，似乎更为相配。明代文学家袁宏道在所著《觞政》一书中，将下酒物分成几类："一清品，如鲜

视频：与黄酒
搭配的下酒菜

蛤、糟蚶、醉蟹之类。二异品，如熊白、西施乳之类。三腻品，如羔羊、子鹅炙之类。四果品，如松子、杏仁之类。五蔬品，如鲜笋、早韭之类。"绍兴酒店的酒菜虽亦不外乎这几种品类，但花样翻新，另具特色。

绍兴酒店所备之酒菜，首重选料新鲜，其原料多系本地土产，就近采购，精心挑选，具鲜、活、嫩的优点。其次是因为绍兴酒最宜于浅酌慢饮，顾客对下酒之物多经细嚼缓咽，不比筵席上，诸味杂陈，杯盘狼藉，因而对每一味酒菜的咸度和鲜度要求很高。绍兴酒家深知顾客这一心理习惯，特别注重酒菜的保鲜和咸度的适中。同时，绍兴酒店中的著名酒菜又多系从本地筵席中的出色冷盘和居家常用的大众酒菜中选取精华而得，在原来基础上加以精工改制予以提高，故更容易得到顾客的喜爱。兹举几盘具有本地风味特色的酒菜如下：

糟鸡——系用当年饲养的"线鸡"为原料，公鸡养至 1 斤左右时予以阉割，这种"线鸡"不啼不飞，静如处子，驯养至冬令，双脯丰厚肥嫩，用清汤煮熟冷却后，切成块状，遍擦食盐，盐粒溶解、盐味入骨后，装入陶质坛内，用陈年酒糟层层覆盖，密封一周后可切块食用，肉味鲜美且带糟香，香味能久留于齿颊之间。此菜宜小盘食用，随吃随添，现取现切，以保香味。

白鸡——系用绍兴特产越鸡中的童子鸡清煮切块，也可用线鸡的腿、翅切成装盘，鲜嫩入味，并必配以本地名牌酱油母子酱油，方为相得益彰。

酱鸭——它选用绍兴当地的良种麻鸭制成。麻鸭体型不大，肌肉结实，秋禾登场后，鸭群经过稻田放牧，每只重达 2~3 千克，肌脯丰厚但少脂肪，宰杀洗净后浸入母子酱油中，数天后取出晒晾风干。食用时用猛火蒸熟，切成小块，肉味咸中带甜，色泽红艳，更耐细嚼，尤宜作为远年陈酒的下酒物，绍兴人有"陈酒腊鸭添"之磋，它是冬令的最佳酒菜之一。

鱼干——绍兴人习惯于冬季围网捕鱼，鲜鱼上市后酒店必挑选 5 千克以上的青鱼作为制作鱼干的原料。活鱼剖洗后，只去内脏不刮鱼鳞，用鱼血涮鱼肉，擦盐后放在缸内 2~3 天，外加少量绍酒，晒晾至半干即可应市。蒸熟后的鱼干，色如琥珀，背部鱼肉更是艳如桃李，色、香、味堪与火腿媲美。鱼干忌用刀切，用手撕成条状下酒最佳。

酥鱼——用 3 千克以上的青鱼、草鱼或鲤鱼剖洗后切成块状，拌以老酒、酱油、味精，一昼夜后取出沥干，放入油锅炸熟，再用鸡汤、白糖、桂皮、酱油等调料配成浓汤煮沸后，将鱼块放入浓汤烩制即成。此菜甘香松爽，能耐久藏，易于携带，为郊游小饮必备之佳肴。

鱼圆——绍兴河湖中所产之鲢鱼、鳙鱼、草鱼、青鱼四大家鱼均可用作原料。鲜鱼去鳞刮皮后，选取中段鱼肉用利刃刮取鱼泥，剔除鱼刺，剁成细末，愈细愈佳，和以绍酒、姜末，拌少量清水和食盐少许，在陶质钵内用竹筷顺时针方向不断搅拌，然后挤成丸子，放入已热未沸之清汤内煮熟，原汤冷却后待用。食用时，用鸡汤、菜心、笋片、香菇煮熟后，将鱼圆放入汤内旋即起锅装盘。此菜红、黄、绿、白相映，艳丽夺目，滑嫩鲜美，入口消融，但必迟至酒过三巡后方可上桌，有醒酒送饭之功。

梅干菜烧肉——鲁迅笔下咸香可口的梅干菜烧肉，也离不开绍兴酒的滋养。肥瘦相间的五花肉在淋过黄酒的热锅里，慢慢卸下粗粝的肥腻，化作温糯油润的"红皮肉"，而馥郁的梅菜也在串串火苗里诞生了咸甜交错的口感。

此外，绍兴酒店旧时还备有另外一些高档酒肴，一为炒鸡腰，即用公鸡阉割时取出之睾丸，绍兴人称作"鸡腰"，大小与花生仁相似，由阉鸡客售于酒店，用猛火现炒。此菜味道特鲜且极滑嫩，非其他炒菜所能比，但供货有限，价格较贵，多为富户所专享。另一为京虾仁，用鉴湖所产河虾挤出虾肉，大小均匀，用猪油热炒后飞以葱花，不加配料。此菜因系现挤现炒，鲜度特高，滑嫩可口，老少均所喜爱，较之海虾远有过之。

第七节　节饮

绍兴酒能给人们带来许多益处和情趣，但若是酗酒无度，不加节制，也会祸害无穷，所以要十分注意节饮。也就是说，饮酒要适量。例如，50千克体重的人，每天饮用加饭酒0.25千克左右（约合50克酒精），自觉身心愉快，无不适感觉，这是适量的，若饮酒过多，会发生酒精中毒。实验证明，饮酒后，每毫升血液里若有2~3毫克酒精时，就会头晕目眩，也就是俗称的"醉酒"。醉的程度往往因人而异。人的性格和体质不同，醉的程度也会不同。同时，场合不同，醉的情形也会有区别，如与大伙儿热闹愉快地在一起喝酒，与苦闷忧愁地独饮自酌时醉酒就不尽相同。饮酒后，酒精在胃肠道可以较快地被吸收，但是代谢和排泄却较缓慢。肝是代谢酒精的脏器，因肝脏氧化分解酒精的能力有限，因此有一部分酒精会随着血液流经心脏，由动脉达到全身，这时心脏会因酒精刺激而增加搏动力量，大脑中枢神经尤其是大脑皮质部分也会受到酒精刺激而兴奋。血液中的酒精浓度增加，中枢神经会由兴奋而渐趋抑制，因而产生醉意。醉酒程度分为十级：浓度（血液中的酒精浓度）0.01%时，头脑清晰，有愉快感觉；浓度0.02%时，后脑部位微感跳动，有发热感觉，身体各部位有坚实感、轻松感，身体上的微痛部位与疲劳感会完全消失，因此心情兴奋，话稍多以致喋喋不休；浓度0.03%时，会感到自己十分有力，豪情万丈；浓度0.045%时，更明显地爱说话，甚至会大吵大嚷，进而讲话杂乱无章，过去已忘了的事，都能回想起来，且意气昂然；浓度0.07%时，心头快活，手喜欢东摸西拿，坐立不安，行动较为迟钝，脉搏与呼吸都加快，眼睛变得朦朦胧胧，看不清事物，继而手部无力地四处摇摆，甚至碰落杯盘，又会用鼻子哼着歌曲；浓度 0.1% 时，开始自言自语，进而大声喊叫，并唠唠叨叨，此时醉态显然，脚步不稳，有睡意，打哈欠；浓度 0.2% 时，站立不稳，没有旁人扶持就无法走路，有人扶持也会走得歪歪斜斜，会因一点小事而发怒或大哭大喊，并且感到恶心，小便增多，酒醒后，自己记不起醉时情形，这时称为酩酊期或抱柱期；浓度 0.3% 时，呼吸迟重，口齿不清，一句话反复不已，易笑易哭，无法分辨是非，进而打架砸凳，听不清别人说话，自己也讲得含糊不清，称为大醉期；浓度 0.4%~0.5% 时，烂醉如泥，就地睡倒，称为泥醉期；浓度 0.6% 时，危及生命，甚至死亡。酒量好的人，血液中的酒精浓度上升较慢，酒量浅的人上升较快，不过随着体质和体重有别，纵然酒精同样处于低浓度，有时也会产生极大的个人差异。

发生醉酒，可用许多方法解酒，以减少对身体的伤害，这称为"析醒"。解酒之方是饮者必须具备的常识。即使不是饮者，也略知一二，以备而不用。绍兴一带解酒办法一般常用酽茶、盐、干桑葚加糖煎汤，或服食米醋、荸荠等。中医对醉酒的治疗是，凡普通饮酒过量者服用"葛根汤"，这原是治感冒的良方，用之治酒醉，除利用其发汗作用外，且有增进人体新陈代谢的功能。如醉酒者在翌日仍然宿醉未消，则宜服用"五苓散"，其主要作用是利尿。

凡饮者都应十分注意节制。绍兴人一向注意节饮之法，除上面提到"三戒""五诀"外，还应注意"七忌"：

一忌冷饮。除盛暑外，绍兴酒尽可能温热了喝。《随息居饮食谱》说："凡饮酒，并宜隔汤炖温也。"在绍兴地区出土的青铜器、陶瓷器酒具中有许多用以温酒的器皿，由此可以证明，自古以来绍兴人就有喝热酒的习惯，这样不但不伤脾胃，并且饮之更觉芬芳。

二忌空腹饮、盛怒饮。"空腹易醉伤身体，盛怒失控难收拾"，这一民间谚语颇有道理。过分忧愁时饮酒对身体也有害。

三忌混饮。《清异录》说："酒不可杂饮。饮之，虽善酒者亦醉。"因为各种酒的成分不同，一般不宜混杂，否则，不但易醉，并会产生副作用，引起胃不适和头痛等。

四忌强饮。因各人耐酒力不一，强人饮酒，容易出事。

五忌酒后立即洗澡。酒后洗澡，容易将体内贮存的葡萄糖消耗掉，而血糖含量大幅度下降，能导致体温急剧降低，严重的会引起休克，甚至死亡。

六忌孕妇饮酒或酒后房事。《黄帝内经》中说："以酒为浆，以妄为常，醉以入房……逆于生乐，起居无节，故半百而衰也。"

七忌小孩喝酒。儿童正处于生长发育期间，体内各种机能尚未成熟，若饮酒会导致肝脾肿大，影响肝功能，对大脑细胞造成损害，酒精刺激胃部及肠，导致消化不良，其后患无穷，故应特别注意。

总之，饮酒必须注意节饮、适量，饮绍兴酒亦然。上述"三戒""五诀""七忌"是人们在长期的生活实践中得出的经验总结，符合科学规律的要求。元代忽思慧《饮膳正要》中说："酒少饮为佳，多饮伤神损寿""醉酒过度，丧生之源"，所以我们要十分讲究节饮。唯有这样，才能使绍兴酒成为人们健康的朋友、事业的助手，更好地发挥这个风味独具的饮中佳品的功效与作用。

视频：饮用黄酒的禁忌

第六章

品鉴黄酒 天下一绝

金黄的温酒从酒壶中缓缓流出，倒入白瓷玉碗中，如一汪山间清泉汇入深潭，涟漪泛泛，荡起波澜。倒酒声，浑厚悦耳，如水石相击，也别有一番韵味。

人们生活的空间是有限窄小的，却能在微醺后找到一番新天地，被春雨涤荡后的心灵宛若新生，舒适、喜悦、幸福，遨游在无边无际的温暖酒乡里，获得超越时空的自由与洒脱。

视频：品饮黄酒的步骤主要有哪些？

第一节　代表品种

黄酒在其悠久的发展史中，可谓名品不断，代有创新。丰富多彩的黄酒品种，犹如奇葩在酒的花园中争奇斗艳。每一只不同的品种，既保持黄酒橙黄清澈、甘洌芬芳的共性，又具有各自的独立个性。目前，绍兴酒主要有元红酒（干型）、加饭（花雕）酒（半干型）、善酿酒（半甜型）、香雪酒（甜型）四大代表品种。

视频：黄酒的主要品种

（1）绍兴元红酒　旧时称"状元红"，因过去在坛壁外涂刷朱红色而得名，是绍兴黄酒的代表品种和大宗产品。此酒发酵完全，含残糖少，酒液色泽橙黄透明或呈琥珀色，具有独特的绍兴酒醇香，口感柔和、鲜美，落口鲜爽，受到嗜酒者的普遍喜爱，是干型黄酒的典型代表。

（2）绍兴加饭（花雕）酒　这是绍兴酒中的上等品。"加饭"，顾名思义是与元红酒相比，在原料配比中，加水量减少，而饭量增加。加饭酒的酿造发酵期长达 90 天，其醪液浓度大，成品酒精度高，香气浓烈，酒质丰美，风味醇厚，俗称"肉子厚"。过去，视加入饭量的多少又分为单加饭和双加饭，后为迎合消费者的需求，全部生产双加饭，外销称为特加饭。此酒酒液呈琥珀色，橙黄带红，透明晶莹，醇香浓郁，味醇甘鲜，深受中外消费者的青睐，是半干型黄酒的典型代表，也是绍兴酒中产销量最大、影响面最广的品种。

视频：什么是花雕酒？

（3）绍兴善酿酒　善酿酒是以贮存 1~3 年的陈年元红酒代水酿制而成，又称为酒中之酒。酒色呈深黄，香气浓郁，质地特浓，口味鲜甜，颇具特色，是绍兴酒中之佳品。除中国外，世界上没有一个国家生产过这种酒。

善酿酒由具有 300 多年历史的老字号"沈永和"酒坊首创。该坊第五代传人沈西山从祖传的母子酱油酿造工艺中得到启发，经反复试验，终于在清光绪十八年（公元 1892 年）成功地以精白糯米为原料，以绍兴元红酒代水的独特酿制方法，酿出了甘醇鲜美的好酒。因此，善酿酒是品质优良的母子酒，酒精度比元红酒稍低，糖分含量较高，是半甜型黄酒的典型代表。起名"善酿"，既有善于酿酒之意，又有"积善积德"之喻。此酒最适合妇女或初次饮酒的人饮用，若以甜菜肴或甜点相配，可谓相得益彰。

（4）绍兴香雪酒　该酒由东浦云集信记酒坊首创。采用糟烧酒（压榨后的酒糟经封糟蒸馏而成的一种白酒）代水落缸酿制而成，是一种高糖、高酒精度的黄酒。酒液橙黄清亮，芳香幽雅，味醇浓甜，为绍兴酒的特殊品种。陈学本《绍酒加工技术史》记述：1912 年，东浦乡周云集酿坊的吴阿惠师傅和其他酿师们，用糯米饭、酒药和糟烧，试酿了一缸绍兴黄酒，得酒 12 大坛，以后逐年增加产量，供应市场。由于酿制这种酒时加入了糟烧，味特浓，又因酿制时不加促使酒色变深的麦曲，只用白色的酒药，所以酒糟色如白雪，故称"香雪酒"。这种加工方法既提高了酒精含量又抑制了酵母发酵。此酒是甜型黄酒的典型代表，最适合在餐前餐后少量饮用，可作为开胃酒。

第二节　花色品种

历史上，绍兴酒还出现过一些传统的花色品种，如竹叶青酒、补药酒、福橘酒、鲫鱼酒、桂花酒等。这些花色酒，大都将嫩竹叶、福橘、活鲫鱼等料用高度糟烧酒浸泡，取其浸液，在元红、加饭酒杀菌灌坛时，按配比加入。或直接用热酒冲泡，灌坛封存，入库，经过一段时间陈酿，各种外加辅料的鲜香气味和酒液融为一体，形成特色明显、风味别致的香醇酒品。这些酒一般以外加辅料来命名。

（1）竹叶青酒　又名"孝贞酒"。据传明正德皇帝即位前游历江南时，曾饮用竹叶青酒，并在饮后御笔亲题"孝贞"二字，"孝贞酒"之名由此而来。该酒选用当年采摘的新鲜嫩绿竹叶，用 70%vol 糟烧浸泡半年左右而成。酒液淡青透明、清香沁人，酒味鲜爽清洁、独树一帜，是一种知名度较高的传统花色品种。若夏季饮用，则备感舒适清凉。

（2）补药酒　又称"十全大补酒"。该酒以十全大补药经热黄酒冲泡而成。"十全"即党参、茯苓、黄芪、甘草、肉桂、当归、白芍、白术、熟地、川芎十味名贵中药。制作时，先将药材切碎装入布袋，再和适量的白砂糖一起装入坛内，然后立即冲入刚煎好的热酒（加饭酒或香雪酒），使酒和药材充分混合，并使药性溶于酒中，提高药效。密封贮存半年后，坛中酒液深黄清亮，药香酒香协调馥郁，酒味甘甜浓厚，具有补气血、强筋骨的良好功效。这是一种传统的滋补酒，最宜冬季进补饮用。

（3）福橘酒　该酒以福建产的柑橘为原料，经热黄酒冲泡而成，故名"福橘酒"。生产时选用福建出产的成熟度好、个大、无霉烂、品质优良的柑橘，先将"福橘"装入坛内（每坛 2~4 只），然后冲入刚煎好的热酒，密封贮存 3~6 个月后，即可饮用。此酒色泽橙黄晶亮，橘香浓郁，酒味甘润、微苦、爽口，是一种果实型花色酒。

（4）鲫鱼酒　因以鲜活的鲫鱼经热酒冲泡而成，故名"鲫鱼酒"。此酒选用绍兴淡水河流中自然生养的鲜活鲫鱼，每尾重0.5千克左右。先将鲜活鲫鱼（未去鳞剖肚）放入70%vol糟烧中浸泡（杀菌）片刻，然后装入坛内（每场2尾），随即冲入刚刚煎好的热酒，密封贮存3~6个月后，即可饮用。酒液橙黄清亮，酒香浓郁略带腥气，酒味鲜洁而略有鱼腥味，是一种独特的花色品种。

（5）桂花酒　因以新鲜桂花浸提液与黄酒组合而成，故称"桂花酒"。此酒选用刚采摘的新鲜桂花，经盐渍处理后，用70%vol糟烧浸泡3~6个月，再取浸出液加入刚煎好的热黄酒中（每坛加0.5~1千克），密封贮存6~12个月后即成。成品酒色泽浅黄，清亮透明，桂花香浓郁而幽雅，酒味甘润香醇，别具一格，是一种传统的独特花色品种。

第三节　酒中成分

构成黄酒典型特性的成分主要是：水、乙醇、糖类（单糖、多糖）、蛋白质、有机酸、氨基酸。水是绍兴酒中的主要成分，含量为700~800g/L。乙醇由酵母菌将酒醅中的葡萄糖转化而成，绍兴酒中其含量为150~190g/L。绍兴酒中的单糖主要是葡萄糖，占酒中总糖的60%~70%。

视频：为什么黄酒是最富营养的酿造酒？

（1）多糖　主要有戊糖、麦芽糖、异麦芽糖、潘糖、异麦芽三糖等低聚糖，其中异麦芽糖和异麦芽三糖、潘糖是双歧杆菌的有效增殖因子，是功能性低聚糖。

（2）蛋白质　通常，黄酒中的蛋白质含量为12~20g/L。据分析，绍兴加饭酒中蛋白质含量高达16g/L，绍兴元红酒中蛋白质含量为13g/L左右，绍兴善酿酒中蛋白质含量高达20g/L左右。绍兴酒中的蛋白质含量在黄酒中是最高的，并且在所有酒类中也处于较高水平。

（3）有机酸　绍兴酒中的有机酸主要有乳酸、乙酸、琥珀酸、磷酸、焦谷氨酸、柠檬酸、苹果酸、酒石酸、2-羟基异戊酸、2-羟基异己酸、2-羟基戊酸等，总含量达4.5~8.0g/L。酸对酒的风味和陈化具有重要作用，故有"无酸不成味"一说。

（4）氨基酸　绍兴酒中氨基酸含量特别丰富，21种氨基酸都能检测到，包括人体必需的8种氨基酸，尤以亮氨酸、缬氨酸、苯丙氨酸、赖氨酸含量最为丰富。特别是绍兴酒中还含有色氨酸，这是许多植物性食品都少有的。此外，绍兴酒中还含有大量的游离氨基酸，总量达3.0g/L以上，对酒的口味和风味起着极为重要的作用。

（5）绍兴酒的微量成分　构成绍兴酒香气和风味的微量成分主要有醛类、酯类、醇类、酚类、无机盐、微量元素等，这些成分在酒中的含量非常少，但对酒的香味、口感却起着极为重要的作用，而正是由于这些微量成分的差异，又造成了各种酒独特的风格。但要对此加以全面检测和分析具有较大的难度，目前已知的有100多种。醛类主要有乙醛、糠醛、苯甲醛、异丁醛、异戊醛、香草醛等；酯类有乳酸乙酯、乙酸乙酯、琥珀酸乙酯、甲酸乙酯、戊酸乙酯、丁二酸二乙酯、丁酸乙酯、β-羟基丁酸乙酯、3-二葡基甘油二酸酯等；醇类物质除乙醇外，还含有甲醇、正丙醇、正丁醇、丁二醇、异丁醇、异戊醇、2-苯乙醇等，醇在酒中既呈香又呈味，起到增强酒的甘甜和助香作用，还是形成酯的前体物质；酚类物质，据有关机构检测，绍兴酒中的酚类主要有儿茶素、表儿茶素、芦丁、槲皮素、没食子酸、原儿茶酸、绿原酸、咖啡酸、p-香豆酸、阿魏酸、香草酸等。

（6）维生素 主要是B族维生素，如维生素B_1、核黄素（B_2）、烟酸、泛酸、叶酸、维生素H、维生素B_6、肌醇、维生素C等。

（7）无机盐和微量元素 主要有钙、钠、镁、钾、锰等常量元素和铁、铜、锌、硒、钼、钒、铬、钴、银、镉、锡、锑、铅等微量元素。

第四节 色香味格

（1）色 绍兴酒主要呈琥珀色，即橙色，透明澄澈，纯净可爱，非常诱人，令人赏心悦目。这种透明琥珀色除来自原料的米和小麦曲本身的自然色素外，主要是加入了适量糖色。此外，贮存期内糖和氨基酸结合的生化反应，生成了类黑精；设备上的铁又能形成呈色物质——柯因铁，即使设备是铜，也会增色。特别是含糖量高的甜酒，如果贮存期长，则增色更加明显。

视频：黄酒的风味主要有哪些？

（2）香 绍兴酒有诱人的馥郁芳香。凡是名酒，都重芳香，绍兴酒所独具的馥香，不是指某一种特别重的香气，而是一种复合香，是由酯类、醇类、醛类、酸类、羰基化合物和酚类等多种成分组成的。这些芳香物质来自米、麦曲本身以及发酵中多种微生物的代谢和贮存期中醇与酸的反应，它们结合起来就产生了馥香，而且往往随着时间的久远而更为浓烈。所以绍兴酒称老酒，因为它越陈越香。

（3）味 绍兴酒的味给人印象最深，主要是醇厚甘鲜，回味无穷。酒的好坏首先以味作为标准。绍兴酒的味是6种味和谐地融合，这6味即：

视频：黄酒口味风格如何？

甜味：黄酒味甘甜而舒润。米和麦曲经酶的水解所产生的以葡萄糖、麦芽糖等为主的糖类有八九种。另外，发酵中产生的 2，3-丁二醇、甘油以及发酵中遗留的糊精、多元醇等都是甜味物质，从而赋予了绍兴酒滋润、丰满、浓厚的内质，饮时有甜味和黏稠的感觉。

酸味：酸有增加浓厚味及降低甜味的作用。绍兴酒中以乙酸、乳酸、琥珀酸等为主的有机酸达 10 多种。它主要来自米、曲及添加的浆水和醇醛氧化，但大都是在发酵过程中由酵母代谢产生的，其中以乙酸、丁酸等为主的挥发酸是导致醇厚感觉的主要物质；以琥珀酸、乳酸、酒石酸等为主的不挥发酸是导致回味的主要物质。酸性不足，往往寡淡乏味；酸性过大，又辛辣粗糙；只有一定量多种的酸，才能组成甘洌、爽口、醇厚的特有的酒味。所谓酒的"老""嫩"，即指酸的含量多少，它对酒的滋味起着至关重要的缓冲作用。

苦味：酒中的苦味物质，在口味上灵敏度很高，而且持续时间较长，但它并不一定是不好的滋味。绍兴酒的苦味，主要来自发酵过程中所产生的某些氨基酸、酪醇、5′-甲硫基腺苷和胺类等。另外，糖色也会带来一定的苦味。恰到好处的苦味，使味感清爽，给酒带来一种特殊的风味。

辛味（辛辣）：辛味不是饮者所追求的口味，但却是绍兴酒中不可缺少的一味。它由酒精、高级醇及乙醛等成分构成，以酒精为主，由酒中酒精含量过高、酒体单薄或成分不协调所致。尤其是新酒，有明显辛辣味。在杀菌、贮存过程中，酒精经挥发、氧化、酯化、缔合等作用，使酒质渐变醇和。适度的辛辣味，有增进食欲的作用，没有适度的辛辣味，就会像喝一般饮料一样，缺乏一种滋味感。

鲜味：绍兴酒中的鲜味，来自氨基酸中的谷氨酸、天冬氨酸、赖氨酸等，以及蛋白质水解所产生的多肽及含氮碱，这些物质均呈有鲜味。此外，琥珀酸和酵母自溶产生的5′-核苷酸等物质也具鲜味。鲜味为黄酒所特有，很受饮者欢迎，而绍兴酒的鲜味相比其他黄酒更为明显。

涩味：绍兴酒的涩、苦两味是同时产生的。涩味主要由乳酸、酪氨酸、异丁醇和异戊醇等成分构成。苦、涩味适当，不但不会使酒呈明显的苦涩味，反而能使酒味有浓厚的柔和感。

以上 6 味是绍兴酒化学成分的反应，它们互相制约、互相影响，和谐地融合在一起，组成了绍兴酒的酒体，赋予了绍兴黄酒入口绵柔、后味鲜长的独特风格。如此充裕的味，加上如此美好的色和香，就形成了绍兴酒不同寻常的"格"，一种引人入胜的，十分独特的风格。

第五节　如何鉴别

作为消费者，有没有比较简便的办法用以快速识别绍兴酒质量的优劣呢？中医治病通过望、闻、问、切四个步骤，对绍兴酒，我们不妨从以下几个方面着手鉴别：

（1）对光观色　举瓶对光，仔细观察。对酒的外观包括色泽、透明度、澄清状况以及有无沉淀物做一个综合判定。优质绍兴酒应色泽橙黄，清澈透明。若发现酒质浑浊不清，内含杂质，则属于劣质产品。绍兴酒国家标准规定，允许瓶底有微量的沉淀物，主要是因为绍兴酒中含有大量的小分子蛋白质，在贮存过程中可能会凝聚而沉淀下来。

视频：黄酒品评主要内容

（2）启瓶闻香　开启酒瓶，将酒缓缓倒入酒杯之中，深嗅闻香。普通绍兴酒具有醇香浓郁的黄酒特有的香气，陈年绍兴酒的香气则幽雅芬芳，劣质黄酒不可能有这种香味。如闻到酒精味、醋酸气或其他异味，则肯定是伪劣产品。

（3）测试手感　将少量酒倒在手心上，用力搓动双手，正宗绍兴酒由于是优质酿造酒，酒中固形物含量较高，手感滑腻，阴干后极为黏手，用水冲洗后手留余香。如果手感如水，则质量较差。

视频：黄酒鉴赏程序

（4）品尝风味　注意各种味觉之间是否平衡和协调。优质正宗的绍兴黄酒，不但它的酒香是芳香舒适、引人入胜的，并且口感醇厚、柔和、甘润、爽口、鲜美，糖的甘甜，酒的醇香，酸的鲜美，曲的苦辛都藏在这琥珀色的酒里，具有绍兴酒的独特风格，无其他异味。如果口感淡薄，酒精味较强，激味重，不清爽，或有香精味、水味、严重的苦涩味等其他异杂味，则很可能是伪劣产品。

视频：如何辨别黄酒的好坏？

（5）对比价格　正宗绍兴酒以糯米为原料酿造而成，生产周期长，加上必须有两年以上的贮存时间，因此价格相对较高。若价格很低，则应仔细鉴别，以免上当。

（6）消费者到超市、商场选购绍兴酒时，一定要仔细观察和鉴别，并注意以下两点：

一是要注意酒的颜色。正常绍兴酒的色泽应呈橙黄色、黄褐色或红褐色，清澈透明。如发现酒液色泽很深，瓶壁留有暗红色痕迹，可能是在瓶中贮存时间过长而氧化所致；若酒液已浑浊，则有可能感染了杂菌，也有可能是伪劣产品。

二是要特别留意瓶上的主标签，并仔细检查标签上的相关内容，包括产品名称、配料、酒精度、净含量、制造者名称和地址、生产日期、标准号、质量等级、产品类型（或糖度）等各项指标是否完整齐全。若项目不齐，或漏标以及标签模糊不清等情况，应引起充分注意。

第七章
翰墨酒香　诗意盎然

文化，是一个巨大的复合物，它是人类社会所创造的物质和精神财富的总和，特别是社会诸种意识形态的综合表现。地方文化是一定地方政治经济的集中反映，它是在这个地方的物质生产过程中形成和发展，既受到地方各种自然和社会条件的影响，又不断地吸收、融合外来文化。因此，地方文化不仅有民族传统文化的共同特征，而且有其地方性的特色，这个地方的历史越长久，这种特色就越显著。

第一节　文化内涵

绍兴酒色如琥珀，赤中带黄，黄中含赤，清澈透明的黄色基调，呈现的是黄土地之色，乃中华民族之本色，无愧于国酒的荣耀和称号。绍兴酒的橙黄色作为一种重要特性，具有视觉冲击力，可激发人的食欲。从色彩的象征意义而言，橙色作为暖色调给人一种明亮、温暖、崇高的感觉。

（1）内涵之香　绍兴酒酒香芬芳自然，馥郁怡人，幽深高雅，沁人心脾。饮之，欲拒还迎欲罢不能，令人神往。于陶质坛中经年陈酿，醇、酸、酯、醛、酚，各种成分相互融合，越陈越香。其香闻之，令人愉悦，沁心、怡人，一朝饮用，终生难忘，令人陶醉。

（2）内涵之味　绍兴酒酒味醇正、悠远、方正、甜润、舒怡、甘爽。甜、酸、苦、辣、鲜、涩诸味毕现，体现一种和谐、雅致的意境。其味浓浓，其情融融，仿如人生。徐徐咽下，一股清怡幽雅的酒香油然升起，人生失意的艰辛、苦涩，功成名就的欢情、愉悦，尽现于美酒的细酌浅啜之中。

（3）内涵之格　绍兴酒的诱人之处在于其千年历史所凝聚的灵性与和谐，使人心驰神往。特别是经多年陈酿，堪称上等美酒，饮之顿觉醇香沁脾，其厚重、凝练、丰满、和谐之味，折射出古老而崭新的韵味。绍兴酒的灵性催人奋进，绍兴这座千年古城也正是有了绍兴酒而魅力倍增，更显文化底蕴之深厚。酒中所蕴含的人文历史使人在品味美酒的过程中，感叹稽山鉴水之秀美，感叹古越文化之博大，令人流连忘返，醉身其中。

第二节　文化特性

绍兴酒经过时间的锤炼，已成为绍兴城市的一张"金名片"。说起绍兴城，人们就会不由自主地想到绍兴酒；而说到绍兴酒，人们也就自然而然地联想到绍兴酒丰富的内涵和特性。绍兴酒的文化特性可以概括为三点：

（1）博大精深　此为绍兴酒之魂。古人有言，海纳百川，有容乃大；壁立千仞，无欲则刚。绍兴酒何以历经2400多年历史而青春常驻、经久不衰？关键在于其博大精深的文化底蕴。绍兴酒兼收并蓄的包容性和厚实的口感，酿造过程中几十种乃至上百种微生物、微量元素的共同作用，成就了绍兴酒这世界独特的文化遗产。绍兴酒的独特魅力正在于其独特的包容性，体现了"大智若愚、大勇若拙"这么一种人生智慧，作为一种民族酒，绍兴酒完全可以充当东西方文化交流的使者。

（2）刚柔相济　此为绍兴酒之性。粗观似水，细品似火。柔中有刚，刚中有柔，刚柔相济，相得益彰。"水的外形，火的性格"，是对绍兴酒最恰当的比喻。在绍兴酒橙黄清亮、秀美诱人的外表下，却深藏着热情奔放、狂放洒脱的性格。"不惜千金买宝刀，貂裘换酒也堪豪"的豪情，"呼儿将出换美酒，与尔同销万古愁"的酒脱，于细细品尝之中，阅尽人生本色，喜、怒、哀、乐、悲、欢、离、合，尽显人生真谛。

（3）天人合一　此为绍兴酒之神。绍兴酒采五谷之精华，融自然之造化，绍兴独特的地理、自然环境为酒的酿造提供了天然优质鉴湖水，源于天然、循于传统的精良工艺经过几千年的不断演变已至上乘境界，各类精选的优质原料在大自然多种微生物的共同作用下，精湛的人工技艺和自然造化互为融合，天人合一，终使绍兴酒成为传世佳酿，举世无双。

酒是食品，是饮料，但人们饮酒既不是为了充饥，也不是为了解渴，而是因为它有一种特殊的功能。几千年来，人们对酒的作用的论述很多，《说文》曰："酒，就也，所以就人性之善恶也。"就是说：酒是作用于人们精神世界的东西，是刺激、促进人的情绪的东西。它可以使人为善，也可以害人造恶。一般认为酒的作用不外乎三个方面，一是可以解除疲劳；二是可作药用，治疗疾病；三是酒可以成礼。《左传·庄公二十二年》有"酒以成礼"一语。当时，周王朝以酒作为宴飨之物，专门设置了"酒正""酒人""浆人"等官员来管理其事。《礼记·乐记》认为："故酒食者所以合欢也"，合欢也是为了"礼"。在明代学者邱浚的《大学衍义补·征榷之课》中讲道：酒的作用是"以为祭祀、养老、奉宾而已，非以为日常食用之物也"，就更具体表明了"酒以成礼"的内容。但是这三个方面的作用往往是统一的，互相渗透的。所以，从古到今，人们饮酒的目的，一是为了助兴，诸如贺喜、庆功、谢师、待客、鼓勇、浇愁、团聚、尽欢等，其作用都是调节情绪，振奋精神，交流感情，满足精神生活的需要；二是礼仪，"百礼之会，非酒不行"，直至今天各种喜庆宴会、时令节日都要饮酒，这是一种礼仪上的也是精神上的需要。由于绍兴酒酒性中和，这种效用易于为饮者自己掌握，也就能更好地发挥积极的功能。

酒的作用是客观存在的，要很好地把握它，就要求饮者讲究酒德。这是中华民族的优良传统，也是我国酒文化的一个重要内容。《论语·乡党》说："唯酒无量，不及乱。"意思是每个人都可能喝得很多，所以必须以不醉不乱为度。为了节饮，历代有

《酒训》《酒戒》《酒箴》等，反复阐明饮酒"不及于乱"的道理。绍兴人在千百年来的生活实践中，深知"饮酒不及乱"，应有"三戒""五诀"。

所谓"三戒"就是：一戒饮早酒。绍兴有句民谚，"早酒晚茶最伤身"，有些沉湎于酒的人，自晨至暮，不醉不休，这就是缺酒德。因为它不但废正务，碍健康，且是一种慢性自杀。我们知道人的肝脏对酒精的分解能力为每小时约 10 毫升，从早至晚饮酒的人，大大加重了肝脏的负担，容易导致病变，患肝硬化症。特别是早饮，不但影响一天的工作，且空腹刺激大，最伤身体，所以"忌早饮"。二戒饮斗酒。在酬醉中，好胜赌酒往往乐极生悲，特别是年轻人，猜拳赌酒成为时兴。这种游戏性的赌酒，固然可以增加酬酢中的热闹气氛，但如果超过限度，就会破坏欢乐的气氛，造成损肝伤胃的结果，甚至出现意外。所以要戒豪饮斗酒，戒赌酒争胜。三戒饮连席酒。逢年过节，亲朋好友接二连三地你请我邀，一日中应酬数次，这样的连席饮酒，就是酒量最好的人也往往难以支持。所以，碰到连席邀请，应托词避免，万一不能不去，应在心理上有足够的戒备，坚决不喝醉酒。

所谓"五诀"就是：一饮荤酒。饮酒必须有佐酒菜肴，边饮边吃富有营养的荤菜，这称为荤酒。二饮坐酒。要舒舒服服坐着饮喝，不可借酒装疯，狂跳欢舞。三饮慢酒。要细品慢尝，体会其味，切忌狂饮猛喝。四饮正酒。饮有注册商标的正宗绍兴酒，对来路不明的酒不饮。五饮节酒，要有节制，节制就是饮到自我感觉身心最为舒畅的程度为止，这就是适酒。

用此"五诀"又行"三戒"，则绍兴酒的各种价值、功能就能正常地发挥出来。

第三节 酒名

绍兴酒楼林立，酒客盈门，绍兴黄酒的酒名五彩缤纷，琳琅满目，是酒文化大花园中一朵朵璀璨的奇葩。绍兴黄酒最早的称呼是"醪"，还有很多别名，运用借代、夸张等修辞手法，有的直露通俗，有的含蕴隽永，生动地表现了绍兴酒的某种特征和在群众中的影响。用借代的手法给绍兴酒取别名最多。在几千年的绍兴黄酒发展历史中，产生过许多名酒。它的名称，是一种文化的符号，代表着当时当地人们对酒的认知程度和美感愉悦，有很大的史料价值和历史作用，下面举例说明之。

1. **以绍兴酒的品性特点作为酒的别名**

（1）老酒 绍兴酒以其独特的品性和酿造工艺而闻名，其中最常见的别名之一是"老酒"。根据《嘉庆山阴县志》记载，绍兴酒因"其质尤厚，其香尤醇，故称老酒"（卷八"货之属"），这说明"老酒"是因其品质随着贮藏时间的延长而变得更加浓厚和醇香，具有"越陈越香，越陈越醇"的特点。陆游的朋友范成大在《食罢书字》中写道："扪腹蛮茶快，扶头老酒中"，并自注道："老酒，数年酒，南人珍之"，可见"老酒"这一名称在南宋时期就已广泛使用。关于"老"的含义，《说文解字》中解释道："酒白谓之酨。酨者，坏饭也。酨者，老也。饭老即坏，饭不坏则酒不甜。"这里的"老"有"陈"的意思，即时间久远的意思，这与绍兴酒经过长期贮藏后品质更加醇厚的特性相吻合。绍兴地方志也指出，绍兴酒有多种类型，如豆酒、地黄酒、薏苡酒、鲫鱼酒等，统称为"老酒"。此外，范寅在其作品中曾提到："在家名此，出外曰绍兴酒。"（范寅）表明"老酒"是绍兴酒的别名，尤其在外地市场上，绍兴酒以"老酒"之名畅销各地。

绍兴酒因其营养丰富且具有强身健体的功效，深受百姓喜爱。人们普遍认为经常饮用绍兴酒是一种福气，因此绍兴酒常被称为"福水"。梁绍壬在《两般秋雨盦随笔》中写道："酒是魔浆。"这一说法可与"福水"二字形成对比，前者为警戒，后者为赞颂，意在提醒人们适度饮酒。另有俗语云："酒之益，如毫之微；酒之害，若刀之深。"这句话形象地概括了酒的双重性：适量饮酒有益健康，过量饮酒则有害无穷。

（2）名士　清代著名诗人袁枚，自称性不近酒，但深知酒味。他拿绍兴酒与烧酒相比，认为绍兴酒堪称"名士"，而烧酒像个"光棍"。他说："绍兴酒，如清官廉吏，不参一毫假，而其味方真。又如名士耆英，长留人间，阅尽世故，而其质愈厚。故绍兴酒，不过五年者不可饮，参水者亦不能过五年。余党称绍兴为名士，烧酒为光棍。"他进而说："余谓烧酒者，人中之光棍，县中之酷吏也。打擂台，非光棍不可；除盗贼，非酷吏不可；驱风寒、消积滞，非烧酒不可。"

（3）福水　绍兴酒营养丰富，具有强身健体的作用，因此一般老百姓就认为有酒常饮便是福气，绍兴酒就被称之为"福水"。梁绍壬《两般秋雨盦随笔》云："酒是魔浆。"可与"福水"二字的对，盖一颂一戒也。又谚谓酒曰："其益如毫，其损如刀。"

2. 以绍兴酒的色泽特点作为酒的别名

（1）黄酒　绍兴酒色泽黄澄透亮，令人喜爱，称黄酒名副其实。

（2）绿蚁　古代米酒，如现时农家自酿醪糟酒，上浮米粒，微呈绿色，故称绿蚁。绍兴酒为米酒，故也称绿蚁。白居易《问刘十九》诗云："绿蚁新醅酒，红泥小火炉。"上海聚宾园酒楼有酒联云："绿蚁斟来，且邀月赏；金貂换去，好向花倾。"秦观《游鉴湖》诗："翡翠侧身窥渌酒。""渌酒"即绿酒。游鉴湖喝的当然是绍兴酒。

3. 以绍兴酒的酿酒材料作为酒的别名

（1）曲道士　绍兴酒酿制过程中必须有优质的曲来发酵，故以此作为绍兴酒的别名，陆游《初夏幽居》诗："瓶竭重招麹道士，床空新聘竹夫人。"

（2）曲秀才　据《传信记》记载："法善居玄真观，曾有朝中客人几十人前来拜访，解带淹留，满座宾客皆思酒。忽然，有人叩门，自称'麹秀才'。法善令人告知来者：'如今正有朝中官员相会，无暇接见，望君改日再来。'话音未落，一位年约二十余的俊美男子突然进门，面容白净丰润，笑着向众人作揖，坐于末席，高声谈论古今，引经据典，言辞锋利，席间宾客无不为其博识所惊。过了一会儿，他起身旋转而行，法善对众宾客说："此人突如其来，口若悬河，难道不是妖魅作祟吗？我们不妨避之。"麹生复入，继续慷慨激昂地与众人辩论，言辞犀利，锐不可当。法善暗中持小剑击之，结果剑脱手落于台阶下，麹生瞬间化为一瓶满盈的酒酿。众人惊骇，急忙察看，发现桌上留有一满瓶醴醓。席上宾客皆大笑，饮之，发现酒味极为美妙。众客醉而作揖，向那酒瓶说道："麹生的风味，真是难以忘怀。'"另有酒联曰："欢伯性情，麹生风味。"

4. 以绍兴酒的装封特点来作为酒的别名

（1）黄封　绍兴酒用黄泥封坛，如是贡酒则加以黄罗帕封口，称为黄封。黄封，也泛指美酒。苏东坡《歧亭·其三》诗云："为我取黄封，亲拆官泥赤。"在《与欧育等六人饮酒》诗中云："苦战知君便白羽，倦游怜我忆黄封。"清山阴人吴寿昌《乡物十咏·东浦酒》诗有云："郡号黄封擅，流行盛域中。"

（2）花雕酒　清代梁章钜《浪迹续谈》中："最佳者名女儿酒，相传富家养女，初弥月，即开酿数坛，直至此女出门，即以此酒陪嫁，则至近亦十许年，其坛率以彩缋，名曰花雕，近作伪者多，竟有用花坛装凡酒以欺人者。"故花雕，首先是绍兴黄酒的酒坛艺术。绍兴黄酒坛一般用陶器，在酒坛外画上吉祥图案，称为画花酒坛，坛内装上酒，成花雕酒；另一种是陶器为土坯时就留下几个开光图，坛内装好酒，十多年后从地窖中取出，清洗坛壁，在开光图和坛壁作漆作装潢，这就是花雕酒坛，花雕酒就是装于此种酒坛内的酒，一般为加饭酒，花雕酒名由来甚早。

5. 用拆字法给绍兴酒取的别名

（1）三友（酉）　"酒"字的结构是三点水旁加"酉"字，好事者便将其拆开称呼为"三酉"。因"酉""友"谐音，于是绍兴酒别称"三友"。

（2）三点水　"酒"字的偏旁为三点水，酒又是液体，故绍兴民间俗称酒为"三点水"。

绍兴酒是美酒，但是如果服用过度，滥饮、狂饮，也与其他酒一样，会产生消极作用，所以一些憎酒者也给酒以蔑称。如：

（1）黄汤　这是民间对黄酒的一种蔑称，由来已久。《元曲选·朱砂担》："我则是多吃了那几碗黄汤，以此赶不上他。"《水浒传》第十四回晁盖假意怒斥刘唐说："你却不径来见我，且在路上贪这口黄汤，我家中没得与你吃？辱没杀人！"

（2）迷魂汤　服酒过多，醉醺醺，浑淘淘，似乎迷了魂一般，于是民间就称狂饮者为喝了迷魂汤。越地村妇见丈夫酒醉回来，往往骂道："死胚，哪里灌了迷魂汤！"

（3）祸泉　过量饮酒，往往误事，因此也有人称酒为"祸泉"。

对于绍兴酒，褒扬者予以雅号，贬斥者送以蔑称，无誉无咎者也给一些称呼。如：

（1）屠苏　绍兴旧俗，除夕和大年初一都要饮酒和贴春联，意示一年过去，新春到来，乾元复始，万物苏醒。屠苏，是一种阔叶草。唐代名臣孙思邈每至腊月，以酒泡之，除夕饮用，可防瘟疫，其居称"屠苏屋"，其药方称"屠苏酒方"，后代沿袭成俗。陆游《除夜雪》诗云："半盏屠苏犹未举，灯前小草写桃符。""桃符"即春联，"屠苏"即老酒。

（2）般若汤　"般若"是梵语，智慧的意思。酒在佛门称为"酥"，但因为历代酒禁甚严，所以有些和尚称酒为"般若汤"。宋·窦革《酒谱·异域酒》中说："北僧谓为般若汤，盖廋辞以避法禁。"因此，旧时，绍兴的佛界人士也称酒为"般若汤"。

（3）杯中物　这是对绍兴酒纯客观的称呼，多被文人采用。如陶渊明《责子》诗云："天运苟如此，且进杯中物。"孟浩然诗云："且乐杯中物，谁论世上名。"杜甫诗云："忍断杯中物，祇看座右铭。"

（4）后反唐　戏剧《薛刚反唐》，绍兴人又称《后反唐》，绍兴酒饮时润和，而后劲强烈，所以用薛刚反唐的剧情作为借喻。

（5）红友　喝酒后，脸色变红，因以此为别名。

绍兴酒的别名繁多，各展风采，还有"蓬莱春""兰亭春""玉清堂""香雪酒"等雅称。而最具特色的，却莫过于"绍兴"，即以产地作为酒的别名。本为地名，此为酒名。清梁绍壬是杭州人，他在《两般秋雨庵随笔》中说："绍兴酒各省通行，吾乡之呼之者，直曰'绍兴'，而不系'酒'字……俱以地名，可谓大矣！"旧时一些文学作品、朋友书函中也常常不系酒字而直呼"绍兴"。《师友尺牍偶存》一书里，有位叫王西庄的在一封信中说："他读着友人来信，感到写得绝妙，便拍着桌子叫道：'快拿绍兴来吃！'"

第四节　酒联

对联又称楹联、联语、对仗，是我国特有的文化瑰宝，以雅俗共赏的方式受人们深爱。酒联就是与酿酒、饮酒、用酒、酒名、酒具、酒楼等相关的对联。浓浓墨香与缕缕酒香交织，让人沉醉。在绍兴酒文化中，诗意盎然、情趣浓郁的酒联，堪称一朵奇葩。绍兴酒家店堂十分讲究酒联的撰拟和装潢，许多文人学士也喜欢为酒家书撰酒联。在绍兴城区，酒店楼堂密布，酒香阵阵，一副副妙趣横生的酒联既为酒客畅饮助兴，又带来了无限的遐想。

现鲁迅路口闻名中外的咸亨酒店中，有两副对联特别引人注目。

其一曰："小店名气大，老酒醉人多。"出自著名作家李准的佳作。既赞美了绍兴老酒，又赞美了百年老店，通俗清新，雅俗共赏。

另一联云："上大人，孔乙己，高朋满座；化三千，七十二，玉壶生香。"酒联暗示了鲁迅名作《孔乙己》与此店的关系，店因小说而闻名。近年咸亨酒店扩建又增添了不少的新对联。如"百岁咸亨中华梦，梦园今日醉里楼"，运用了顶针手法。又如"酒香宾客集，人和事理通"，讲述了以酒为礼，人和事通的道理。

百年老店荣禄春酒楼有一联很幽雅，"矮墙披藤隔闹市，小桥流水连酒家。"写出了这座酒楼的位置和建筑特色，虽地处闹市却娴雅幽清。大江桥畔兰香馆酒家内也有一联，颇具风雅，"兰亭共流觞，香肴集斯厨。"巧妙利用店名"兰""香"二字，引用曲水流觞的典故，也饶有风味。

此外，绍兴的酒楼里还有不少颇具韵味的酒联，如：

鉴湖醇酒名扬四海，山阴烹调誉满万家。

越酒娱醉客，清汤暖嘉宾。

盘中倾肉食，面上绽桃花。

酒饭柜肴馄饨面条来料加工，和菜盘炒喜庆筵席上门服务。

绍兴酒联遍布城乡，并渗透到绍兴酒生产、营销以及日常生活的全过程。在婚丧嫁娶、庆逢钱别、举文兴武、志禧遣愁的各种酒席场合中，给人以欢乐、鼓舞、激励以及安慰与温暖。如东浦古镇老街上有座"酒木桥"（又称新桥），这是一座与绍兴老酒有关的三孔石拱桥。桥的中孔两侧设置两根横锁石。它的顶端伸出桥外，雕成兽头，怒目圆睁，咧嘴卷舌，栩栩如生。横锁石下配有长条形的间壁，上面雕刻两副大楷楹联。其东曰："新建虹成在越浦，桥横镜影便济民。"其西曰："浦北中心为酒国，桥西出口是鹅池。"桥联中明确地点出东浦为"酒国"。又如："香醪珠旧制，佳酿熟新脂""店好千家颂，坛开十里香""陈酒香醪迎风醉，精烹珍馐到口香""菜蔬本无奇，厨师巧制十样锦；酒肉真有味，顾客能闻百里香""中华振兴，尔酒多少汗；太白遗风，君有几首诗""共对一尊酒，相看万里人""一醉千愁解，三杯万事和""酒外乾坤大，金中日月长""润诗润画犹润颜，醉笔醉情亦醉心""花开连理描新样，酒饮交杯醉太平""芙蓉镜映花含笑，玳瑁筵开酒合欢""海屋仙筹添鹤算，华堂春酒宴蟠桃"。酒联反映的是饮酒行为与风俗，是诗与酒的完美结合，是展现酒文化的独特方式，在人们的生活中充当重要角色，给人以美的愉悦和享受。

第五节　酒谚

如果说，绍兴酒联是比较精巧、蕴藉和高雅的话，那么，绍兴酒的谚语就显得比较率直和通俗了。

绍兴酒源远流长，驰誉天下，绍兴人以此为豪。酒谚云："越酒行天下""温州出棋手，绍兴出老酒"。

绍兴物产富饶，人们将其主要产品概括为绍兴三只缸：酒缸、酱缸、染缸。绍兴酒盛产于绍兴各地，历史上以东浦一带为最多最优，因为那里酒坊林立，酒香阵阵，诱人醉倒。有"醉乡宁在远，占佳浦西东""绍兴老酒出东浦""东浦十里闻酒香""游遍天下，勿如东浦大木桥下"。

绍兴酒在几千年发展过程中，积累了丰富的生产经验，形成了一套科学的酿造工艺，同时也形成了许多通俗易懂、形象生动的酒谚，以下列举五种：

（1）表达对酿酒规律认识的　"儿子要亲生，老酒要冬酿""做酒靠酿，种田靠秧""人要老格好，酒要陈格好""陈酒味醇，老友情深""酸浆滋饭好老酒"。

（2）赞美绍兴酒健身效用的　"饭是根本肉长膘，酒行皮肤烟通窍""你会雪花飞，我会老酒咪""得尺布勿遮风，吃得壶酒暖烘烘"。

（3）评述酒功酒德的　"壶里有酒好留客""好肥好料上田地，好酒好肉待女婿""酒逢知己千杯少""人逢喜庆喝老酒""沏茶要浅，斟酒要满""将酒待人，并无恶意""朋友劝酒不劝色"。

（4）表述佐饮菜肴选择的　"生活要对手，吃酒要过口"，"过口"就是佐饮菜肴。"剁螺蛳过老酒，强盗来了勿肯走"，螺蛳盛产于河湖江汉之中，鲜美耐味，老少喜欢，久食不厌，加之食用之时喷喷有声，一颗又一颗，与小口呷呗、对酌或独饮之景态相映成趣，因此最受酒客们的欢迎。"清明螺蛳端午虾，九月重阳吃横爬"，"横爬"就是蟹。绍兴人喜欢腌腊物。"陈酒腊鸭添，新酒豆腐干"，咸煮豆腐干也是佐酒佳肴。"骨头过老酒，卤水淘饭吃""前世勿修，腌菜过酒"，说的是佐饮之忌。

（5）表达讽谏饮酒无节的　"酒多人病，书多人贤""酒行大补，多吃伤神""酒不可过量，话不可过头""酒能成事，酒能败事""吃酒误事""过量酒勿可吃，意外财勿可领""饮酒千杯勿计较，交易丝毫莫糊涂""寡妇难当，独酒难饮""吃饭要过口，吃酒要对手"。

第六节　酒诗

酒诗是酒文化的重要组成部分，酒与诗的关系密不可分。酒给予了诗的存在，诗赋给予了酒的生命。俗话说，"无酒不成文"。诗词承载了悲欢离合，而饮酒来助兴与消愁。文艺反映生活，于是就有了各种各样的酒诗。酒诗涉及面广，有描述酿酒过程和市场销售的叙物，更多的则是饮酒过程和酒后心态的意境描述。特别是在迎送、宴请以及各种节日场合，饮酒作诗成了文人的一种时尚。在绍兴这个文人辈出的历史文化古城，酒和城相互辉映，相互烘托，甘怡的美酒造就了贺知章、元稹、陆游、王安石、徐渭、秋瑾等众多著名诗人，也催生了许多美轮美奂的酒诗，"诗酒田园不是梦"，文人墨客通过饮酒作诗的艺术方式，表达着丰富情感，演绎着浪漫情怀，传递着坚定信仰。

1. 越国和两晋时期的咏酒诗

绍兴酒几乎与越国兴衰存亡联系在一起，在越国崛起和称霸的过程中，处处可以看到酒的身影与神奇力量，从而为绍兴酒增添了无上的荣光。我们不妨来看史书中所载的文种向越王勾践献上的两次祝酒词：

越王勾践五年，与大夫种、范蠡入臣于吴，群臣送至浙江之上，临水祖道，军阵固陵。大夫种前为祝词曰：

"皇天佑助，前沉后扬。祸为德根，忧为福堂。威人者灭，服从者昌。王虽牵致，其后无殃。君臣生离，感动上皇。众夫哀悲，莫不感伤。臣请荐脯，行酒二觞。"

越王仰天太息，举杯垂涕，默无所言。文种复前祝曰：

"大王德寿，无疆无极。乾坤受灵，神祇辅翼。我王厚之，祉佑在侧。德销百殃、利受其福。去彼吴庭，来归越国。觞酒既升，请称万岁。"

文种的另一进祝酒词作于吴越争霸以后。

越王既灭吴，伯诸侯置酒文台、群臣为乐，大夫种进祝酒词曰：

"皇天佑助，我王受福。良臣集谋，我王之德。宗庙辅政，鬼神承翼。君不忘臣，臣尽其力。上天苍苍，不可掩塞。觞酒二升，万福无极。"

"我王贤仁，怀道抱德。灭仇破吴，不忘返国。赏无所吝，群邪杜塞。君臣同和，福佑千亿。觞酒二升，万岁难极。"

《兰亭集》是现存绍兴历史上最早的一部诗集，此诗集因是"一觞一咏"而成，可以说全是酒诗，是叙写饮酒之乐、酒后之思的诗歌。其时崇尚五言诗，故此诗集五言诗占了22首，这里摘选两首。

兰亭诗　二首·其一

（晋）徐丰之

俯挥素波，抑掇芳兰。

尚想嘉客，希风永叹。

兰亭诗　二首·其二

（晋）谢安

相与欣佳节，率尔同褰裳。

薄云罗阳景，微风翼轻航。

醇醪陶丹府，兀若游羲唐。

万殊混一理，安复觉彭殇。

戴逵是东晋南朝时期大画家，长期隐居剡溪，他与王徽之是莫逆之交，也喜欢饮酒，有一首《酒赞》表达了他对酒的挚爱。

酒赞

（晋）戴逵

余与王元琳集子露立亭，临觞抚琴，有味乎二物之间，遂共为赞曰：醇醪之兴，与理不乖。古人既陶，至乐乃开。有客乘之，隗若山颓。目绝群动，耳隔迅雷。万异既冥，惟元有怀。

2. 唐宋时期的咏酒诗

南北朝时绍兴酒的特色基本成形，宋时达到了兴盛阶段。由于绍兴居地自然景观和人文景观特别优异，因此吸引了大批文人来此游历，大量商贾来此贸易。特别在唐时，形成了著名的"唐诗之路"，歌咏绍兴酒的诗篇比比皆是。

题袁氏别业

（唐）贺知章

主人不相识，偶坐为林泉。

莫谩愁沽酒，囊中自有钱。

重忆

（唐）李白

欲向江东去，定将谁举杯？

稽山无贺老，却棹酒船回。

酬乐天喜邻郡

（唐）元稹

寒驴瘦马尘中伴，紫绶朱衣梦里身。

符竹偶因成对岸，文章虚被配为邻。

湖翻白浪常看雪，火照红妆不待春。

老大那能更争竞，任君投募醉乡人。

寄乐天

（唐）元稹

莫嗟虚老海墙西，天下风光数会稽。

灵泛桥前百里镜，石帆山崦五云溪。

冰销田地芦锥短，春入枝条柳眼低。

安得故人生羽翼，飞来相伴醉如泥。

越中赠别

（唐）张乔

东越相逢几醉眠，满楼明月镜湖边。

别离吟断西陵渡，杨柳秋风两岸婵。

送钱穆父出守越州绝句　二首·其二

（宋）苏轼

若耶溪水云门寺，贺监荷花空自开。

我恨今犹在泥滓，劝君莫棹酒船回。

若耶溪归兴

（宋）王安石

若耶溪上踏莓苔，兴罢张帆载酒回。

汀草岸花浑不见，青山无数逐人来。

渔父词·其三

（宋）赵构

雪洒清江江上船。

一钱何得买江天。

催短棹，去长川。

鱼蟹来倾酒舍烟。

箪醪河

（宋）徐天祐

往事悠悠逝水知，临流尚想报吴时。

一壶能遣三军醉，不比商家酒作池。

3. 陆游的咏酒诗

陆游，字务观，号放翁，南宋大诗人，绍兴三山人（现绍兴市东浦镇）。梁启超赞他为"亘古男儿一放翁"。陆游崇高的爱国主义精神赢得了千百年来人们由衷的敬佩。他的诗被誉为史诗，其诗歌艺术是中国文学史上的瑰宝，他也因此被人们称为"小李白"。在他的一生事业中，酒是他终生的侣伴。在晚年诗作《衰疾》中，他无限感慨地说："百岁光阴半归酒，一生事业略成诗"。可见他是酒翁、酒仙，也是诗翁、诗仙。如李白、杜甫一样，酒与诗的密切关系在他的身上完整地体现了出来。在他存世的

9300 多首诗中有不少酒诗，这里不妨择要欣赏。

游山西村

莫笑农家腊酒浑，丰年留客足鸡豚。

山重水复疑无路，柳暗花明又一村。

箫鼓追随春社近，衣冠简朴古风存。

从今苦许闲乘月，拄杖无时夜叩门。

若耶溪上　二首·其二

九月霜风吹客衣，溪头红叶傍人飞。

村场酒薄何妨醉，菰正堪烹蟹正肥。

社酒

农家耕作苦，雨旸每关念。

种黍踏曲蘖，终岁勤收敛。

社翁虽草草，酒味亦醇酽。

长歌南陌头，百年应不厌。

对酒

闲愁如飞雪，入酒即消融。

好花如故人，一笑杯自空。

流莺有情亦念我，柳边尽日啼春风。

长安不到十四载，酒徒往往成衰翁。

九环宝带光照地，不如留君双颊红。

大醉梅花下走笔赋此

闭门坐叹息，不饮辄十日。

忽然酒兴生，一醉须一石。

檐头花易老，旗亭酒常窄。

出郊索一笑，放浪谢形役。

把酒梅花下，不觉日既夕。

花香装襟袂，歌声上空碧。

我亦落乌中，倚树吹玉笛。

人间奇事少，颇谓三勃敌。

酒阑江月上，珠树挂寒璧。

便疑从此仙，朝市长扫迹。

醉归乱一水，顿与异境膈。

终当骑梅龙，海上看春色。

九月三日泛舟湖中作

儿童随笑放翁狂，又向湖边上野航。

鱼市人家满斜日，菊花天气近新霜。

重重红树秋山晚，猎猎青帘社酒香。

邻曲莫辞同一醉，十年客里过重阳。

4. 元明清时期的咏酒诗

元明时期，绍兴酒继续发展，到清时，内外销进入全盛时期。元明清时的文学作品如小说与戏曲中经常写到酒，写到绍兴酒。《红楼梦》《镜花缘》《儿女英雄传》等著名小说都将绍兴酒作为人物活动和场景描写的一个重要元素，给读者留下了深刻印象，在诗词曲中也多有此类歌咏。

鉴湖雨

（元）李孝光

越角鉴湖三百曲，雨馀曲曲添新绿。

八月九月风已高，诗人夜借渔船宿。

渔翁城中沽酒来，筐底白鱼白胜玉。

当时贺老狂复狂，乞得鉴湖此生足。

秋夜偶成　六首·其三

（元）王冕

生憎尘俗苦相侵，渐渐移家入远林。

但得瓮中多白酒，何须囊里有黄金。

关山夜静笳声惨，淮海秋高雁影沈。

底事怀人作痴坐，短檠花冷石房深。

初至绍兴

（明）袁宏道

闻说山阴县，今来始一过。

船方革履小，士比鲫鱼多。

聚集山如市，交光水似罗。

家家开老酒，只少唱吴歌。

东浦酒

（清）吴寿昌

郡号黄封擅，流行遍域中。

地迁方不验，市倍榷逾充。

润得无灰妙，清关制曲工。

醉乡宁在远，占住浦西东。

望江南·其一·清明忆乡居风景，杂成六解（选二）

（清）李慈铭

清明忆，老屋傍霞川。十里酒香村店笛，半城花影估人船。水阁枕书眠。

5. 徐渭的咏酒诗

徐渭，字文长，号青藤道士、天池山人、田水月等，绍兴人。他是明代中期著名的文学家、艺术家，于诗、书、画、文无不精绝，袁宏道称他为"有明一人"。他一生坎坷，怀才不遇，73 岁时在贫病交加下默默离世。由于生活的不幸，仕途的遭遇，徐渭自幼嗜酒，以酒为躲离愁苦与悲愤的避风港，以酒为触发自己文思、画思的兴奋剂。《徐渭集》中集徐渭诗数千首，而酒诗为其中一个重要部分，现选录若干。

乙丑元日大雪自饮至醉遂呼王山人过尚志家痛饮夜归复浮白于园中

元日独酌不成酕，穿邻唤客雪中过。

三百六旬又过矣，四十五春如老何。

愦软渐知簪发少，兴豪那计酒筹多。

小园风景偏宜雪，缀柳妆梅有许窠。

竹

一斗醉来将落日，胸中奇突有千尺。

急索吴筏何太忙，兔起鹘落迟不得。

兰亭次韵

相传萧翼窃《兰亭记》掀阅，百花一时尽开

长堤高柳带平沙，无处春来不酒家。

野外光风偏拂马，市门残帖解开花。

新觞曲引诸溪水，旧寺岩垂几树茶。

回首永和如昨日，不堪怅望晚天霞。

酒三品

酒三品，曰桑络、襄陵、羊羔，价并不远，每瓮可十小盏，须银二钱有奇。

小瓮五双盏，千蚨五瓮香。

无钱买长醉，有客偶携将。

酝藉宜高价，淋漓想故乡。

狭斜垆不少，今夜是谁当。

酒徒

御史别淳于，金钗堕长夜。

五斗不湿唇，双鬟抱垆泻。

笑杀斗升肠，耳热索竿蔗。

醉人

不去奔波办过年，终朝酩酊步颠连。

几声街爆轰难醒，那怕人来索酒钱。

6. 近现代诗人的咏酒诗

到了近现代，绍兴出诗人不少，来过绍兴、喝过绍兴酒的诗人更多。但随着时代的变迁，酒诗的内容也会发生一些变化。这里列举几位绍兴籍诗人的几首酒诗：

更漏子·冬

秋瑾

起严霜，悲画阁，寒气冷侵重幕。炉火艳，酒杯干，金貂笑倚栏。

云漠漠，风瑟瑟，飘尽玉阶琼屑。疏蕊放，暗香来，窗前开早梅。

对酒

秋瑾

不惜千金买宝刀，貂裘换酒也堪豪。

一腔热血勤珍重，洒去犹能化碧涛。

酒德祝

刘大白

我生颇好饮，而苦不能酒。

尝闻古酒人，杯勺不离手。

大饮或一石，小饮亦一手。

酒人复酒人，一醉无休咎。

岁月不复逝，天地疑别有。

常留千岁名，有酒斯有寿。

问天赋酒德，于彼何独厚？

安得解酒方，从古酒人后。

哀范君三章·其三
鲁迅

把酒论当世，先生小酒人。

大圜犹酩酊，微醉自沉沦。

此别成终古，从兹绝绪言。

故人云散尽，我亦等轻尘！

诗是感情的产物，所谓"诗言志"，寓情于酒，以酒寄情，美酒入喉，创作出一篇篇脍炙人口的诗篇。黄酒是一个细酌慢饮的渗透式过程，欲醉未醉不至酩酊大醉而失去了理智，恰恰是在似醉非醉中渐入佳境，载着酒香来到如梦如幻的世界。

第七节　酒礼

"无酒不成礼，无酒不成席，无酒不成事，无酒不成乐"，酒礼是中华酒文化的固有传统，它规范人们的饮酒范围和饮酒模式。古代酒礼有如下几种：

1. 祭祀之礼

"国之大事，唯祀与戎"，这是历代统治者供认不讳的。戎，即兵戎，平服外患，镇压叛乱，维护统治秩序和社会安宁。祀，即祭祀。国家将兵戎视为头等大事，这是人人能想到的，而将祭祀也放在头等大事，不能不让人叹服统治者的高明。说白了，戎是武的一手，是力；祀是文的一手，是礼。一文一武，一张一弛，交替换用，相得益彰，于是乎天下太平，统治者可以高枕无忧了。

祭祀，在古代中国有许多内容，天地鬼神、日月山川、列祖列宗，都要享受祭祀。各种祭祀有各种不同的名称，如《礼记》载："天子诸侯宗庙之祭，春曰礿，夏曰禘，秋曰尝，冬曰烝。"又如《周礼》疏说："天神称祀，地祇称祭，宗庙称享。"各种祭祀还有不同的规格，配置什么样的礼器，穿什么样的衣服，要不要奏乐，都取决于祭祀者的身份、地位。祭祀名称虽多，规格差别虽大，有一点却是共同的，即凡祭祀必有酒，酒在整个祭祀过程中，从头到尾扮演着主要角色。

祭祀中，按清浊程度将酒分为五等，称"五齐"。由浊至清依次为：泛齐，醴齐，盎齐，醍齐，沈齐。这"五齐"专供祭祀用。此外还有"三酒"之说：有事临时酿的酒为事酒；酿造时间较长的酒为昔酒；酿造时间比昔酒更长的，一般头年冬天酿造第二年夏天饮用的酒称清酒。这"三酒"主要是祭祀后供人饮用的。祭祀前五齐三酒都得准备好。"凡祭祀，以法共（供）五齐三酒，以实八尊"，数量讲得十分清楚，要装满八个大樽。这还不算，还有更具体的规定：凡是祭上帝、先王的大祭祀，可以添酒三次；祭天地山川的中祭祀，可以添酒二次；祭风雨师的小祭祀，只可添酒一次。用酌盛酒于樽，都有规定数量。祭天地山川一般都在户外，例如历代帝王都热衷的"泰山封禅"（封为祭天，禅为祭地），不辞长途跋涉，千里迢迢跑到泰山去，都是露天祭祀。祭祖先，一般都在室内，天子在太庙，百姓在家里（或家庙）。野外祭祀和室内祭祀将酒的陈列规定得极为明白："故玄酒在室，醴醆（zhǎn）在户，粢醍（jì tǐ）在堂，澄酒在下。"

祭祀时要献三次酒，称为"三献"。一边献还要一边口中祈祷，不可没有声音。第一次献泛齐，第二次献醴齐，第三次献盎齐。大夫和士，不能像天子、诸侯那样奉神主，他们供奉的对象是"尸"。这"尸"不是尸体的尸，而是"主"的意思。祭祀祖先，不见亡亲形象，哀慕心情难以宣泄，于是就以兄弟中一人为尸主，用他来代替死者的形象，作为行祭施敬的目标。后世用画像代替了"尸"。祭祀者向"尸"行三献之礼，以示心诚。

祭祀之礼的最后一个程序是酹酒。苏轼词有"一樽还酹江月"，因在长江上，当然只能酹江月。一般祭祀，祈祷之后必须以酒酹地，才意味着祭祀结束，与祭的人才能开始食飨，否则祭祀不能算结束。酹酒也有格式，必须恭敬肃容，手擎杯盏，默念祷词，然后将酒左、中、右分倾三点，再将余酒洒一半圆形，形成一个三点一长钩的"心"字，表示心献之礼。

统治者祭祀活动离不开酒，就是下层百姓的祭祀活动也少不了酒。随着科学知识的普及，人们认识水平的提高以及社会的进步，民间的祭祀活动已经少多了，但即使如此，我们还不时能看到民间的祭祀活动。只要有祭祀，就仍然会见到酒，可见酒和祭祀已经分不开了。

2. 饮宴之礼

古代礼仪莫过于酒，正所谓"酒以成礼"。

饮宴之礼中有"三爵礼"。不可无节制地饮酒，必须遵守数量的规定，最多不可超过"三爵"。《礼记·玉藻》："受一爵而色洒如也，二爵而言言斯，礼已三爵而油油以退。"每次饮酒，都有监督的人，监督必须按礼行事：入席礼，古人设宴，对座次安排十分讲究，主人坐什么位子，客人坐什么位子，都有严格规定，宴饮时，必须得上座者入席后，其余人方可入席就座，否则，则被认为是失礼；做客礼，做客之礼很多，《礼记》有详细规定，依今天的眼光来看，非常琐碎，要想全部做到实在太难而且没有必要，但剔除其不合理部分，合理部分仍是应当继承的。事实上，我们今天生活中许多做客礼节也确实是从《礼记》等古籍书中传承下来的。

3. 君臣酒礼

中国古代君臣宴席进出次序、摆宴方式、饮酒语言,包括盛酒的器皿式样、大小、多少、摆放的位置等,都有完备的酒礼和严格的规定。以"明君臣燕饮之义"的燕礼为例,《礼记》规定:"诸侯燕礼之义:君立阼阶之东南,南乡尔卿,大夫皆少进,定位也;君席阼阶之上,居主位也;君独升立席上,西面特立,莫敢适之义也。设宾主,饮酒之礼也;使宰夫为献主,臣莫敢与君亢礼也;不以公卿为宾,而以大夫为宾,为疑也,明嫌之义也;宾入中庭,君降一等而揖之,礼之也。"酒器的摆列,按君臣之分,只有君王才能面尊,酒从尊出,象征君王至高无上。大臣在尊的两旁侧立。酒器也有严格的区分,君用罍,臣用椸,士用禁,君臣差别十分明显。君王吃饭饮酒时要摆上二十六个食酒器,公爵十六个,诸侯十二个,上大夫八个,下大夫六个。在祭祀时,地位高的用容量一升的"爵"盛酒敬献,地位低的用容量五升的"斝"(jiǎ)。子爵、男爵宴饮,最大的盛酒瓦器"缶"要放在门外,较小的"壶"放在门内。饮酒的礼数,包括程序、数量也相当严格。"一国之政观于酒",是君臣酒礼的真实写照。

4. 少长酒礼

中国饮酒之礼,自古至今,讲究区分长幼、辈分。汉代"举民五十以上,有修行,能率众者为善,置以为三老",每年岁首,常有赐天下三老以酒肉的举措。康熙五十二年,六十五岁以上者,赐宴于畅春园。乾隆皇帝还在乾清宫皇极殿两次举办"千叟宴",与宴官民众多,达三五千人。在一般酒礼场合,对少长饮酒之礼也十分讲究。《礼记》规定,少者幼者陪长者饮酒,敬酒时,少者幼者必须起立;长者给少者敬酒,少者必须接受;少者与长者同席,不要距长者太远,必须靠近;长者没有入座,少者不准抢先入座等。上述酒礼,延续至今,仍在袭用。

第八节　酒俗

自古以来,绍兴的"酒乡"之名,名实相副。不论是大家富豪,还是市井百姓,与酒结缘,与酒为朋,已成民俗。饮酒成了绍兴人日常生活的重要内容,酒成了生活中的必需之物。于是,各种各样的酒俗应运而生。

1. 婚嫁酒

绍兴是著名酒乡,因此把酒作为纳采之礼,把酒作为陪嫁之物,就成了绍兴男婚女嫁中的习俗。这里最有代表性、最典型的就是关于"女儿酒"的故事。传说"女儿酒"是在女儿出世后便着手酿制,并贮存在干燥的地窖中,或埋于泥土之中,也有打入夹墙之内的。等到女儿长大出嫁时,才挖出来宴请客人或作为陪嫁之用。

"女儿酒"对酒坛十分讲究，先在土坯上塑出各种花卉、人物图案，等烧制出窑后，再请画匠彩绘各种山水亭榭、飞禽走兽和仙鹤寿星、嫦娥奔月、八仙过海、龙凤呈祥等民间传说及戏曲故事。在画面上方有题词，或装饰图案，可填入"花好月圆""五世其昌""白首偕老""万事如意"等吉祥祝语，以寄寓对新婚夫妇的美好祝愿。这种酒坛被称为"花雕酒坛"。

在绍兴的婚嫁酒俗中，除"女儿酒"外，旧时还有不少名目，如"会亲酒""送庚酒""纳采酒"等，均由男女各方自家操办。"订婚酒"是婚嫁全过程中仅次于结婚的一个关键性步骤，是正式婚礼的前奏曲。至今，绍兴的不少地方仍重视订婚，要摆酒席，会亲友，所以"订婚酒"还是一个重要酒俗。

2. 生丧酒

（1）剃头酒 孩子满月时要剃头，这时家里要祀神祭祖，摆酒宴请。亲友们轮流抱过小孩，最后就坐在一起同喝"剃头酒"。除用酒给婴孩润发外，在喝酒时，有的长辈还用筷头蘸上一点，给孩子吮，希望孩子长大了，能像长辈们一样，有福分喝"福水"（酒）。

（2）得周酒 孩子长到一周岁时，俗称"得周"，同样要置办酒席。这时的孩子已牙牙学语，酒席间，由大人抱着轮流介绍长辈，让孩子称呼，这不仅增添了"得周酒"的热烈气氛，更让人享尽了天伦之乐。

3. 寿酒

人生逢十为寿，办寿酒，这似乎已成定规。在绍兴，寿酒十分讲究，民谚曰："十岁做寿外婆家，廿岁做寿丈母家，三十岁要做，四十岁要叉（开），五十自己做，六十儿孙做，七十、八十开贺。"绍兴的寿酒十分讲究，不但要福禄佳酿，还要珍馐佳肴，充分体现了寿诞之乐。

4. 白事酒

"白事酒"也称"丧酒"。绍兴旧俗中，长寿仙逝为"白喜事"。绍兴人称"白事酒"，又叫"豆腐饭"，乡间称"吃大豆腐"，菜肴以素斋为主，酒也称"素酒"。

5. 散福酒

"散福酒"源于祝福，一年一度的祝福在绍兴极为重视，被视为年终大典。祝福的日子，一般在腊月二十夜至三十之间，但不得越过立春。祝福这一天十分忙碌，前半夜烧煮福礼，到拂晓之前，摆好祭桌，次日凌晨开始祭神，家中男丁依辈分大小，逐个按次序向外跪拜行礼。拜毕便将纸元宝、烧纸连同神祇（绍兴俗称"马张千"）一起焚化，并把原先横放的桌子改成直摆，调转福礼，拔下筷子，由外向里叩拜祭祖。祝福祭祀完毕，全家人一起围坐喝酒，这叫"散福"。因这酒刚供过菩萨，是神赐之福，因而男女老少都喝，十分快乐。

6. 分岁酒

"分岁酒"亦称"新岁酒",一般在除夕进行。一家人围坐吃喝,欢快异常。在喝"分岁酒"时,不仅要在门上贴大红门联,且全家灯火通明。如有人远在外地,不能回家过年,则要让出一个席位,摆上筷箸,斟满酒,以示对远地亲人的怀念。如若盼子心切,就在席上外加一酒杯和筷子,以预示明年人丁兴旺,这称"添人增口酒"。另外还有元宵酒,元宵即上元,指农历正月十五。绍兴风俗除闹花灯外,夜里,男女老少还要在家喝元宵酒,早晨吃用各种馅子做的汤团。

7. 挂像、落像酒

旧时,绍兴每逢腊月二十前后,都要把祖宗神像从柜内"请"出来挂在堂前,并点燃蜡烛,供上酒菜,祭祀一番,这就是"挂像酒"。到正月十八,年事已毕,就得把神像"请"下来,这时又得祭祀一番,办"落像酒",亲朋好友、族内长幼相聚欢饮,喝过"落像酒",过年活动就宣告结束。

第九节　酒戏

绍兴是以抒情优美著称的越剧的故乡,也是以高亢激越见长的绍剧的发源地。不少剧作家通过酒来反映人民的生活,或以酒为纽结,来组织戏剧的矛盾冲突,因此酒成了绍兴地方戏曲的一个重要内容。

每逢佳节至,不妨邀上三五好友,共饮一壶酒,共话烟火生活,共品诗意人间。

绍剧又名绍兴大班、绍兴乱弹,流行于绍兴、宁波、杭州、上海一带。它的历史已有300多年。明代中叶,全国四大声腔中的余姚腔、弋阳腔盛行于浙江,绍兴的舞台上出现了"绍兴高调班"。明末清初,西秦腔南来,影响了绍兴高调,于是到乾隆年间就形成了一个乱弹剧种,这就是今日的绍剧。

绍剧唱腔以"二凡"为主,又有"三五七""阳路"等主要曲调。这些曲调大多高亢洪亮,激越丰满,粗犷朴素,气势宏伟,便于抒发豪情壮志,易于打动听众心灵,因此几百年来深受人们喜爱。自《三打白骨精》摄制成彩色戏曲片,并获第二届电影百花奖的最佳戏曲片奖后,绍剧在全国赢得了很大的声誉。绍剧既形成于酒都绍兴,绍剧唱腔又便于表达酒后的豪兴,因此酒给绍剧演出剧目、表演艺术增加了不少内容,绍剧也为宣传绍兴酒起到了锦上添花的作用。综观绍剧的传统剧目,以酒为内容的很多。尽管不少戏剧故事不发生在绍兴,剧中的酒,也不可能都是绍兴酒。但是,这些剧目是用绍剧曲调演唱,绍兴方言说白,用典型的绍兴人动作为表演手段,颇有浓厚的绍兴乡土特色。

下面以绍剧传统戏来说明酒文化在绍剧中的体现。

(1)以酒壮胆　绍剧传统戏目中《武松打虎》,取材于《水浒传》,就是一出以酒壮胆示豪、一鼓而前的绍兴酒戏。剧本表现了武松喝了酒，明知山有虎，偏向虎山行的无畏精神，终于凭借酒力，征服虎威，打死了"吊睛白额大虫"，为民除了大害，真所谓"壮士行何畏！"这里，演员不仅要行腔亢奋，以表现出豪饮壮胆，勇气倍增，而且要以醉步、醉拳、醉棍来表现出酒后的神态，显示出武松的精力。这不同凡响的神威、神力，就是酒的作用。绍剧演员表演做到了恰如其分的程度。

（2）借酒浇愁　以绍剧"阳路"唱腔为主的《醉酒》，写的是杨贵妃由于唐皇失约待在梅妃那里而受到的一次意外打击。她虽然佯装镇静，但内心的苦恼、惆怅、寂寞、空虚一时无法排遣，百无聊赖，妒火中烧。"若要我闷怀消，除非酒来呵！"一声委婉、幽怨的唱腔，表达了她对酒——这种"忘忧物"的寄托。她独酌独饮，独饮独唱："只有醉了方可解愁！"绍剧演员在这里表演的醉后舞步、身段，吸取了京剧之长，融化到自己固有的程式中，一大段唱腔和自言自语，高难度的醉态神情，表现出贵妃欲醉未醉、人已醉心未醉的极其复杂的内心世界，配以板胡为主的乐器，哀哀欲绝，扣人心弦，达到了惟妙惟肖的地步。

（3）豪饮助兴　绍剧传统戏《薛刚打太庙》，讲薛刚豪饮之后，趁醉闯入御祭院（太庙）游玩，看到唐太宗、高宗与祖父薛仁贵及元老重臣秦叔宝、尉迟恭、罗成等神位时，欣喜欲狂，连连下拜，并以此自傲。不料在忠良之中，竟发现权臣张士贵的神位，这是薛家仇人，社稷蠹虫，不由怒火顿起。他唱道："庙只可忠良进，岂容奸贼占神位。"趁着酒力，举起生钢棍，一下就将张的神位捣翻在地，随之酒性大发，不可抑制，上打高祖、太宗神像，下扫九坛御祭桌几，把整个太庙打个落花流水，发泄了数十年来对张士贵的血海仇恨，也发泄了对唐代帝王忠奸不分、姑息养奸的满腹幽怨。他自以为打倒了奸雄，心中大快，却不知从此闯下大祸，落得满门抄斩，只有他一身外逃，落草韩家山，以后就开始了"后反唐"的事业。这一戏的"醉打"贯穿始终，但要很有分寸地把握"喜—恨—怒"这三个不同的心理活动过程，而且要处处体现这是醉中之喜，醉中之恨，醉中之怒，所以其难度是很大的。绍剧著名演员、二面大王汪筱奎，以其丰富的舞台经验，边舞边唱，间以独白，表演得入情入理，天衣无缝，使人领略到酒后露真心，醉后吐狂言的真实情境，是绍兴酒戏中的佼佼者，也是汪筱奎数十年间唱腔、演技的代表作。

（4）滥饮误国　绍剧中有一出影响颇大的传统剧《龙虎斗》，就说明了这个道理。戏写的是宋太祖赵匡胤晚年时，河东白龙关守将刘钧反叛，太祖误信奸相欧阳芳之言，御驾亲征，岂料欧阳芳早与刘钧勾结，公报私仇，趁赵匡胤酒醉，进奸言杀了先锋呼延寿廷。赵匡胤被困河东七载，内无粮草，外无救兵，白发苍颜，坐以待毙。在急难中，他思前想后，愧悔交加，无以自容，于是在《叹营》的大段唱腔中唱道："悔不该，酒醉错斩了郑贤弟；悔不该，酒醒逼死了苗先生；悔不该，欧阳芳奸贼挂了帅；悔不该……"，一声声"悔不该"，唱出了滥饮之害，险些误国殃民，这一件件错事，说明酒可济可覆：酒可以成人之美，也可以促人为恶；可以助善成礼，也可以招祸致失。这段唱词中的"悔不该酒醉错斩了郑贤弟，悔不该酒醒逼死了苗先生"，被鲁迅先生写入了《阿Q正传》，作为阿Q工茶余饭后自娱自乐的歌谣，增加了小说的地方色彩。《龙虎斗》一剧长期流传于民间，代传不衰，剧情日趋完善，演技更臻精熟。其中《叹营》的大段唱腔，既要奋激高扬，又要沉重抑压。著名绍剧老演员陈鹤皋以其洪亮而宽厚的音域、音质，唱得声情并茂，充分表达了赵匡胤在危难中，对耽酒误事愧悔莫及的思想感情，成了绍剧中大段抒情唱腔的典范之作。

（5）以酒为计　绍剧《寿堂》就表现了这一主题。《寿堂》说的是宋代包拯初入仕途，为山东历城县令时，与山东节度使曹友彬作斗争事。曹以做寿为名，搜刮民脂民膏。包拯派人送去红烛一对、大钱二百，因礼轻被丢了出来。包拯闻讯，就带了马椅，坐在曹府头门，一一回绝前来送礼之人，使得曹府之人无言以对。后来在筵席之上，包拯又侃侃而谈，据理反驳。他谈笑风生，诙谐幽默，使得大家张口结舌，啼笑皆非；他又晓之以理，导之以义，理正辞严，使得曹友彬和他的义子冷如春敢怒而不敢言。冷如春一向盛气凌人，如今在酒席上狼狈不堪，他只好唱道："开心来拜寿，羞辱受个够，原想调排他，反倒出了丑。我真当活拔拔个羞煞哉！"最后溜之大吉。这个戏，群众极为欢迎，因为戏表现了包拯借喝酒之机嘲讽了贪官污吏，奚落了奸雄权臣，针砭了官场腐败之风，伸张了人间正义之气，是一出以酒为计，以酒制敌的好戏。特别要指出的，绍剧《寿堂》中的包拯，打破了其他剧种中包拯撩袍端带、硬顶硬撞的架势和举动，而成了寓庄于谐、藏锋不露、笑谈风趣的辩士，颇有绍兴师爷的味道，因此成了绍兴酒乡中的一个艺术形象。加上冷如春等人的说白，一副绍兴腔调，更增添乡土的情趣和韵味，成了一出地道的绍兴酒戏。

绍剧表现喝酒的动作，除了与一般剧种相同的程式，即举杯、遮袖、仰饮、亮杯外，有的剧目中还有自己特定的姿势。绍兴人饮酒喜浅斟慢饮，用水乡土产佐饮，而不用大鱼大肉、山珍海味。如用豆类下酒，则还往往以手代筷，缓呷细尝，啧啧有声，让旁观者亦涎垂眼羡，酒欲大振。汪筱奎在《紫玉箫》中饰赵天龙一角，就活灵活现地表演了绍兴人饮酒的特色。赵天龙是个酒徒，纵手头不富，也每日八碗。他用绍兴土宜螺蛳过酒。绍酒谚语："剁螺蛳过老酒，强盗来了不肯走。"演员在表演螺蛳下酒时，是那样的贪婪和迫不及待，正巧吃到一颗尾巴未除的螺蛳，他猛力一吮，脸上青筋暴起，嘴里吱吱有声，但螺蛳肉还是吮不出来，他又舍不得丢弃，于是最后用牙齿猛地将尾巴咬去，虽然咬得牙痛，但终于将螺蛳肉吸了出来。他似乎胜利了，露出了宽慰的笑容。随后又将残留在手指上的酱油舔干净，而且发出了啧啧的吮吸声。这些动作表演得那么真切，手势、声音、表情配合默契，又极有层次，让人有身临其境之感，难怪演到咬螺蛳屁股时，观众忍不住捧腹大笑。这是二面大王汪筱奎对绍兴酒戏表演艺术的又一贡献，也是绍兴酒戏中别开生面的一出。

第八章

因典寻趣　异彩纷呈

绍兴黄酒历史悠久，人文内涵丰富。这片土地因酒而更显温情。自古以来人才辈出，群英荟萃。名士们与绍兴黄酒结下了不解之缘，在古城里演绎了众多酒典佳话，成就了一件件风流韵事，至今仍是人们的美谈。千年回响，余韵悠长，给人留下了美好的向往与回忆。走进历史的长廊，踏着黄酒的芳香，感受绍兴黄酒文化的历史印记。

第一节　貂裘换酒

秋瑾，被孙中山先生誉为"巾帼英雄"，是辛亥革命时期的革命活动家。她是山阴人，自称"竞雄"，又号"鉴湖女侠"。

秋瑾从小聪明颖悟，11 岁时就能作诗，且清丽可嘉，对历史著作、武侠小说尤感兴趣。她曾向在萧山外婆家的一位表兄弟学习棍棒、剑术和骑马驰骋的本领，有好侠尚武的性格。她对绍兴酒有特别的爱好，在她短暂而又壮烈的一生中，许多诗中写到酒和与酒结伴的佳话。

1904 年，秋瑾留学日本，1905 年在日本加入同盟会，后来又成为同盟会的浙江主盟人。她在日本除与孙中山往来外，常与宋教仁、陈天华、黄兴等把酒畅谈，讨论革命斗争策略。不久，徐锡麟、陶成章等人也去日本，他们之间常有聚会，举杯互勉，抒发豪情。

秋瑾《对酒》一诗，曾被著名导演谢晋用艺术的手法，编入电影《秋瑾》，以"貂裘换酒"的豪举，来抒发秋瑾的革命豪情。诗的全文是："不惜千金买宝刀，貂裘换酒也堪豪。一腔热血勤珍重，洒去犹能化碧涛。"

在秋瑾的许多诗中，把酒和剑有机地糅合在一起，表达了她把酒拔剑、无畏斗争的英武精神，如《剑歌》云："何期一旦落君手，右手把剑左把酒。酒酣耳热起舞时，夭矫如见龙蛇走。"又如《宝剑歌》："死生一事付鸿毛，人生到此方英杰。饥时欲啖仇人头，渴时欲饮匈奴血。"

1906 年，秋瑾在上海从事妇女解放斗争时，她作的《勉女权歌》第一句就是："吾辈爱自由，勉励自由一杯酒。"后来接受徐锡麟之邀，回绍兴主持大通学堂，并在徐锡麟办的东浦热诚学堂兼课。据陶沛霖回忆文章《秋瑾烈士》记，秋瑾常雇一叶扁舟，备酒一斤，虾一碗，在去东浦的水路上，一路饮酒赋诗，借以排愁涤恨。据秋高《秋瑾遗事》记，常给秋瑾划船的名叫沈小毛，沈常说，秋先生去东浦上课，回途有时由他准备酒菜，每次船出东浦街市，正值傍晚，他就在船上煽起小风炉，烫热绍兴老酒，拿出豆腐干、花生，和秋瑾一块儿谈说喝酒，听秋瑾讲述革命道理。秋瑾死难后许多年，沈小毛还常去秋家，在酒饭之后回忆此事，表示对秋瑾烈士的无限怀念之情。

此外，秋瑾在《秋风曲》一诗中，以秋菊来比喻血战"胡狗"的将军："将军大笑呼汉儿，痛饮黄龙自由酒。"表达了自勉和对同志的互勉之情。她期待着佳音传来的那一天："炉火艳，酒杯干，金貂笑倚栏"（《更漏子·冬》），"清酒三杯醉不辞"（《独对次清明韵》）。

1907 年 7 月 6 日，徐锡麟安庆遇难。10 日，秋瑾听闻后，顿时悲痛万分。11 日，她伏案疾书，愤慨涌上心头，在致徐蕴华信（即《致徐小淑绝命词》）表达了为国献身的决心："好持一杯鲁酒，他年共唱摆仑歌。虽死犹生，牺牲尽我责任。即此永别，风潮取彼头颅。"12 日（农历六月初三）是秋氏先祖立亭公德配林太夫人讳忌，家里举行祭奠。早晨秋瑾去大通学堂，约定回家中餐，但等到傍晚还没回家。这时，大哥秋誉章仍在前进天井桂花树下摆好一桌酒菜，等秋瑾回来兄妹对酌。直到暮色苍茫之时，秋瑾才匆匆赶回，且神色紧张，洗澡后已是月上黄昏，兄妹就座对饮。往日秋瑾一杯在手，谈笑风生，全家活跃，今日却一声不吭，只顾喝闷酒。不一会，只见一个身影在门口闪动，秋瑾即放下酒杯，迎上前去。此人是王金发，两人低语一阵后，王即离去，秋瑾再入座喝酒，但仍不声不响。这时，秋誉章就问及是不是安徽的事，请秋瑾直言。秋瑾恳切提出请兄弟们赶快离家出走，言讫即回房而去。这是秋瑾最后一次与兄长对酌，也是一次诀别酒。秋瑾曾在《黄海舟中日人索句并见日俄战争地图》中表达的："浊酒不销忧国泪，救时应仗出群才。拚将十万头颅血，须把乾坤力挽回"正应了她此时此刻苍凉悲愤的内心，显示了她强烈的时代使命感和高贵的爱国情怀。蔡元培曾高度评价秋瑾的革命精神，称她为"巾帼英雄，舍生取义，振奋国人精神的楷模"。他不仅在教育领域推动女性平权，还积极支持革命志士的事业，认为秋瑾的牺牲将激励更多女性参与到民族解放和社会变革的伟大事业中。

秋瑾将自己短暂的一生贡献给了反封建主义和争取民族解放的崇高事业。周恩来同志在绍兴之行感慨道，"她敢于仗剑而起，和黑暗势力决斗，真不愧为一个先驱者"，并留下"勿忘鉴湖女侠之遗风，望为我浙东女儿争光"的题词，号召妇女们学习和继承烈士的敢于革命的奉献精神。

秋瑾　　　　　　蔡元培

第二节　曲水流觞

《兰亭集序》云："一觞一咏，亦足以畅叙幽情。"

当时，王羲之邀集名士41人，连自己共42人，在曲水流觞中，有的即席赋诗，有的却一时赋不出，被罚酒3觥。《嘉泰会稽志》引《天章寺碑》记：自王羲之至袁峤之共有11人，各赋诗2首，合22首；郄昙等15人，各赋诗1首；余16人，作诗不成，罚酒3觥，全部得诗37首，这就是当时的《兰亭集》诗。有的史书，又记有许询、支道林、李充等人，其实应以碑记为准，余书均不准确。

王羲之《兰亭集序》是在他微醉之后，趁着酒兴，援笔立就的。这不仅表现了他的旷世逸才，也表明了酒的神力和作用。

可叹的是这一"曲水流觞"的结晶，却也因酒而失去。相传《兰亭集序》传到七世孙智永，智永也是个大书法家，但出家当了和尚，于是临终将它传给弟子辩才。辩才擅长书画，就将《兰亭集序》珍藏于梁间暗槛之中。其时已是唐朝，太宗李世民酷爱"二王"的书法，他说："所以详察古今，研精篆素，尽善尽美，其惟王逸少乎……玩之不觉为倦，览之莫识其端。"由于他"心慕手追"王羲之书法，就一心想得到《兰亭集序》真迹，于是派御史萧翼赶到越州寻访。不久萧翼获知真迹在辩才手中。一日，萧翼扮成穷书生，带着"二王"杂帖拜访辩才，辩才不辨其意，与之交了朋友，每每饮酒叙谈，不分彼此。终于在一次酒酣耳热之后，辩才不慎透露出他藏有《兰亭集序》真本，而且将真本置于案桌之上，让萧翼观赏。这样，没几天，萧翼就趁辩才外出之际，盗走了这一真迹。辩才知道真相后，愧悔交加，昏厥于地，痛惜而死。唐太宗得到真迹，欣慰异常，即令人临摹翻刻，临终之时，遗诏要将此真迹作为陪葬品，埋入昭陵，从此，这一艺术精品不传人世。陆游诗曰："茧纸藏昭陵，千载不复见。"这是当年王羲之行修禊之礼，为"曲水流觞"之时万万想不到的。

第三节　雪夜访戴

王徽之，字子猷，是王羲之第5子。《晋书》本传说他"性卓荦不羁"，东晋时，士人崇尚纵酒放达，王徽之亦如此。因此，不久他就弃官东归，退隐山阴。据《世说新语》载，有一日，夜里下大雪，他睡醒过来，命家人开门酌酒。他边喝酒，边展视远处，但见一片雪白，"四望皎然""因起彷徨"，于是咏起左思《招隐》诗，忽然想到了当世名贤戴逵。戴逵即戴安道，《晋书》本传说他"少博学，好谈论，善属文，能鼓琴，工书画，其余巧艺靡不毕综"，"性不乐当世，常以琴书自娱"，"后迁居会稽剡县（今嵊州市）"。山阴与剡县相隔甚远，溯江而上，有 100 多里。王徽之连夜乘小船而去，过了一天才到了戴逵家门。但这时，他却突然停住了，不但不进门，反而折身转回。有人问他，你辛辛苦苦远道来访，为什么到了门前，不进而返呢？他坦然说道："我本是乘酒兴而来的，现在酒兴尽了，没有兴致了，何必一定要见到戴逵呢？"这就是千秋传颂的"雪夜访戴"的故事。

千百年来，许多画家泼墨丹青，画出了诸如"雪夜乘兴图""访戴图"等传世名作；更有不少诗坛歌手，慕其人，颂其事，写出了许多吟诵名篇。如苏轼有《题王诜雪溪乘兴图》，南宋王铚为友人廉宣仲《访戴图》作诗多首等。

第四节　金龟换酒

贺知章，唐越州永兴（今潇山市，历史直属于会稽）人，晚年由京回乡，居会稽鉴湖，自号"四明狂客"，人称"酒仙"。杜甫在《饮中八仙歌》中，第一位咏的就是贺知章："知章骑马似乘船，眼花落井水底眠"，真是醉态可掬。他与张旭、包融、张若虚称"吴中四士"，都是嗜酒如命的人。张旭，善草书，每醉后号呼狂走，索笔挥洒，变化无穷，若有神助，时人号为张颠。知章也如此，"醉后属辞，动成卷轴，文不加点，咸有可观。"宋代佚名氏《宣和书谱》述："每醉必作为文词，初不经意，卒然便就，行草相间，时及于怪逸，尤见真率。往往自以为奇，使醒而复书，未必尔也。"

在贺知章 50 多年的官宦生活，以及几十年的饮游生涯中，最有意义的一件事，可以说是他赏识了李白。

天宝元年（公元 742 年）李白得会稽道士、诗人吴筠的推荐而入长安，待玄宗召见。当时李白还是一位布衣诗人。五代人王定保《唐摭言》记："李太白自西蜀至京，名未甚振，因以所业贽谒贺知章。章览《蜀道难》一篇，扬眉谓之曰'公非人世之人，可不是太白星精耶？'"唐代孟棨《本事诗》记："李太白初至京师，舍于逆旅，贺监知章闻其名，首访之。既奇其姿，复请所为文，出《蜀道难》以示之，读未竟，称赏者数四，号为谪仙。"从此李白被称为"谪仙人"，人称诗仙。两人相见恨晚，遂成莫逆。贺知章即邀李白对酒共饮，但不巧，这一天贺知章没带酒钱，于是便毫不犹豫地解下佩戴的金龟（当时官员的佩饰物）换酒，与李白开怀畅饮，一醉方休。这就是著名的"金龟换酒"的故事。

公元 744 年，唐天宝三年，贺知章告老还乡，李白深情难舍。作《送贺宾客归越》诗道："镜湖流水漾清波，狂客归舟逸兴多。山阴道士如相见，应写黄庭换白鹅。"表达了他对贺知章的情谊和后会有期的愿望。不幸，贺知章回到家乡越州不到一年，便仙逝道山。对此，李白十分悲痛，他写下了《对酒忆贺监二首》，其序曰："太子宾客贺公于长安紫极宫一见余，呼余为'谪仙人'，因解金龟换酒为乐。怅然有怀，而作是诗。"其一："四明有狂客，风流贺季真。长安一相见，呼我谪仙人。昔好杯中物，翻为松下尘。金龟换酒处，却忆泪沾巾。"其二："狂客归四明，山阴道士迎。敕赐镜湖水，为君台沼荣。人亡余故宅，空有荷花生。念此杳如梦，凄然伤我情。"可见"金龟换酒"一事，给李白留下了多么深刻的印象，产生了多么深厚的挚情。在《重忆》一首诗中，他还念着贺知章："欲向江东去，定将谁举杯？稽山无贺老，却棹酒船回。"后来的人对这两位诗仙、酒仙的相知十分羡慕、十分赞赏。宋代楼明《题贺监像》诗："不有风流贺季真，更谁能识谪仙人。金龟换酒今何在，相对画图如有神。"徐渭在《贺知章乞鉴湖一曲图》诗中云："镜湖无处无非曲，乞罢何劳乞赐为？幸有双眸如镜水，一逢李白解金龟。"

第五节　沈园题壁

　　南宋绍兴诗人陆游，一生爱国，但遗恨终生。他自号"放翁"，就是这种愤恨的表示。陆游的抗金主张，由于南宋王朝的但求偏安、无意恢复而无法实现，使他感到失望和苦闷，只好以酒排遣，借酒消愁，"看花身落魄，对酒色凄凉"（《鹅湖夜坐书抒》），因而生活狂放。于是，一些投降主和派就指斥他"不拘礼法"，诬陷他"恃酒颓放"，终至被谮免官，从此陆游更为愤慨，索性"落魄巴江号放翁"（《早秋》），以"放翁"自称了。回到山阴家乡后，陆游的这种情绪有增无减，以酒消愁，对酒当歌，一直持续到他的晚年。陆游在抗金事业上是悲剧，在个人生活上也是悲剧，后者就是他婚姻上的不幸。陆游前妻唐琬，美貌多情，伉俪情笃。但陆游母亲生怕儿女情长荒废了陆游仕途进取，便悍然决定遣唐离异。这对陆游打击很大，虽做过反抗，但在封建旧礼教束缚下，他只好屈从。数年后，两人在绍兴城中沈园偶然相遇，唐琬摆酒相待，两人多少心事一齐涌上心头，陆游微醉之后，情不能已，便在墙上留下了数百年来为人传颂的《钦头凤》词："红酥手，黄滕酒，满城春色宫墙柳。东风恶，欢情薄，一怀愁绪，几年离索。错，错，错！春如旧，人空瘦，泪痕红浥鲛绡透。桃花落，闲池阁，山盟虽在，锦书难托。莫，莫，莫！"表达了极其痛苦、眷恋的内心。双重的苦闷，双重的不幸，降落在陆游的头上，要不是他的达观，要不是诗与酒，他活不到85岁的高龄。他明白地说："百岁光阴半归酒，一生事业略存诗""平日嗜酒不为味，聊欲醉中遣万事"。因为有这遣愁解闷之物，所以"放翁七十饮千钟，耳自未废头未童"，他成了一个健康老人。

　　也是酒，使他和乡亲们情谊深厚。是绍兴的酒俗，使他找到了一个排解苦恼、摆脱精神羁绊的良方。乾道三年（1167），他被罢官还家，居三山乡村，内心愤懑。初春季节，他被邀至农家做客，《游山西村》一诗，充分表达了他在官场上"疑无路"之后，在民间找到了"又一村"的喜悦之情。诗云："莫笑农家腊酒浑，丰年留客足鸡豚。山重水复疑无路，柳暗花明又一村。箫鼓追随春社近，衣冠简朴古风存。从今若许闲乘月，拄杖无时夜叩门。"65岁以后，陆游闲居三山，开始隐退生活，在长达20多年的晚年岁月里，他陶醉在故乡又是醉乡之中。于是在稽山镜水的怀抱之中，在酒乡的风情习俗之中，他暂时忘却了苦闷。他常"船头一束书，船尾一壶酒"，吟诗酌酒驱赶着仕宦中和生活中的不幸。

但是报国无门、婚姻悲剧的隐痛积聚得太厚太重了，直到75岁再游沈园、81岁梦游沈园、84岁《春游》中还不能忘怀醉后题壁一事："伤心桥下春波绿，曾是惊鸿照影来""玉骨久成泉下土，墨痕犹锁壁间尘""也信美人终作土，不堪幽梦太匆匆""此身行作稽山土，犹吊遗踪一泫然"。直到临终之际，他还渴望着抗金事业的胜利，嘱咐儿孙们要用酒向他报告江山一统的喜讯，"死去元知万事空，但悲不见九州同。王师北定中原日，家祭无忘告乃翁"（《示儿》）。爱国诗人陆游就是这样在事业和爱情的悲剧中，在诗与酒的陪伴下，度过了他的一生。

第六节　红楼赌酒

中华人民共和国成立前，上海商务印书馆和开明书店曾聚集了许多现代文化名人，如沈雁冰（茅盾）、郑振铎、胡愈之、叶圣陶、徐调孚、周予同、王伯祥和杨贤江等。在这些人中，能饮绍兴酒5斤以上有的是，他们组织了一个"酒会"，逢周六晚上聚会饮酒，主要成员为：叶圣陶、郑振铎、王伯祥、周予同、夏丏尊、丰子恺、章锡琛等，有时也临时邀请其他友人参加。其时，钱君匋只能饮三斤半酒，是"放宽一些尺寸"才让他进来参加酒会的。1987年8月，钱君匋写了一篇《回忆章锡琛先生》的文章，其中记述了一则"红楼赌酒"的趣闻轶事。

开明书店经理章锡琛，1912—1925年曾在商务印书馆任《东方杂志》编辑、《妇女杂志》主编等职。1926年创办开明书店，于是商务老友就成了开明书店的作者，互相关系密切。有一次郑振铎来开明书店，言谈间，章锡琛说沈雁冰能背诵整部《红楼梦》。郑振铎不信，章锡深就挑动郑振铎说，可以赌一席酒。当时钱君匋正好在场，章就指着钱对郑说："如果雁冰背不出《红楼梦》，这席酒由我请客；如果能背出，那就要你请客，证人就请君匋担任，就在这个星期六怎样？到那时任你要雁冰背哪一回都可以。"郑振铎将信将疑，就同意了。

到了星期六，一席酒已经在开明书店楼上摆好，同饮者10人陆续而至，除章、郑、钱外，就是沈雁冰、徐调孚、周予同、索非等。酒过三巡，说笑间，章对沈雁冰说："今天酒菜都不错，又都是熟人，已经喝了几杯，是不是来个节目助助酒兴。我想请你背一段《红楼梦》如何？"这时在场的都叫好。沈雁冰这晚兴致特别好，于是欣然应命说："你怎么知道我会背《红楼梦》？既然点到我来背，就背一回吧！不知你想听哪一回？"章喜出望外，对郑振铎说："请振铎指定如何？"郑即从书架上取出早备好的《红楼梦》，随便指定一回请沈雁冰背诵，自己两眼盯着书上，看是否背得出，背得对。章锡琛则说："大家仔细听着，看雁冰背，找有无漏句漏字，若有，还要罚酒。"

大家鸦雀无声，竖起耳朵听雁冰背了好长一段时间。章向郑附耳说："你看怎样，随点随背，他都不慌不忙背出来，不错一字一句，你可服帖了吧？他背完这一回还是停背了？"振铎非常惊异地说："我倒不知雁冰有这一手，背得实在好，一字不错，我看可以停止了。我已经认输，今天这席酒由我请客出钱。"这时，章对沈雁冰说："雁冰，背得真漂亮，我和振铎赌你能否背《红楼梦》，今晚你帮我胜了振铎，请停止背吧！谢谢你！"沈雁冰这才知道要他背《红楼梦》，是他们在赌酒吃，他笑着说："原来你们借我来打赌，我竟被你们利用了，只怪我答应得太快。"于是大家畅饮绍兴酒，尽欢而散。

第七节　把酒论世

鲁迅先生爱喝绍兴酒，而且将酒写入他的诗歌、杂文、小说里，但他不是狂饮滥喝，而是慢饮小酌，以酒会友，以酒寄托着他的爱与憎。1910年，鲁迅在家乡绍兴府中学堂任学监（教务长）兼生物教员，课余他常到上大路的泰生酒店小酌。泰生酒店创于同治年间，两楼一底，楼上临河一间为雅室，室内挂四幅墨兰名画，有刘大白写的"酒是鹅儿出壳黄"横批，还有一幅济公醉酒图。因为酒店菜肴卫生，选料讲究，烹调得法，价格公道，常受顾客好评，鲁迅也就慕名而至。当时鲁迅住在校中，大多学生也住校，为了不影响学生，他不在校喝酒，而是出学校边门经日晖弄到上大路泰生酒店，不到一里路，十分方便。

除独饮外，鲁迅常在此会友，应酬对酌，纵谈天下。据沈家骏、潘之良《闲话鲁迅和泰生酒店》一文记，当时鲁迅最爱吃清蒸鲫鱼。因为酒店临河，自备乌篷船，船舱内养着多种鲜鱼，人在雅室开窗俯瞰，鲫鱼、鲤鱼、鲭鱼诸种活鲜一目了然，点食即捕，烹煮上桌，鲜食美味，难尽言状。且其时水产价格便宜，所以水鲜下酒，是绍兴人习俗，鲁迅也如此。当然，鲁迅先生有时也以鱼干、酱鸭、糟鸡佐酒，"偶尔也大嚼火腿炖鱼翅，似乎特别爱吃火腿"，有时也吃十六文一碗的三虾豆腐。1912年鲁迅去了北京，仍念念不忘泰生酒店的酒和菜。为此，其好友许寿裳还特地托人买了这酒店里的鱼干、酱鸭等佐酒物，送去给鲁迅先生。

　　1942 年 5 月，毛泽东同志在延安文艺座谈会上指出："鲁迅的两句诗'横眉冷对千夫指，俯首甘为孺子牛'，应该成为我们的座右铭。"这两句诗是《自嘲》中的一联，诗的全文是："运交华盖欲何求，未敢翻身已碰头。破帽遮颜过闹市，漏船载酒泛中流。横眉冷对千夫指，俯首甘为孺子牛。躲进小楼成一统，管他冬夏与春秋。"诗后还有跋语："达夫赏饭，闲人打油，偷得半联，凑成一律，以请亚子先生教正。"

　　1932 年 10 月 5 日，郁达夫之兄郁华夫妇来上海，达夫夫妇就在聚丰园设宴接风，并请鲁迅和柳亚子夫妇等三四人作陪。鲁迅到聚丰园时，郁达夫向他开玩笑："这些天来，你辛苦了吧！"鲁迅微笑应答说，"昨日想到两句联语：横眉冷对千夫指，俯首甘为孺子牛"。达夫说："看来你的'华盖运'还没有脱去！"鲁迅说："给你这么一说，我又得了半联，可以凑成一首小诗了！"《鲁迅日记》10 月 12 日记："午后为柳亚子书一条幅"，这条幅即为上述《自嘲》。

　　鲁迅不仅有许多饮酒诗，更有不少饮酒文，在他的杂文中常常谈及酒。特别是1927 年 9 月在广州学术演讲会上，鲁迅做了题为《魏晋风度及文章与药及酒之关系》的学术演讲，就魏晋期间的竹林七贤，如阮籍、刘伶等，说明酒在文人创作和心理上所起的作用，并论及酒功酒德，且时露锋芒，以古论今，针砭时弊，入木三分。

　　至于鲁迅的小说，十之八九都写到绍兴酒，写到绍兴酒俗，无论是《狂人日记》《阿 Q 正传》《在酒楼上》，还是《故乡》《祝福》，无不以酒写人写事，以人以事写酒。小说中多次写到咸亨酒店、茂源酒店等，这又全以绍兴旧式酒店为模特。《孔乙己》开头："鲁镇的酒店的格局，是和别处不同的：都是当街一个曲尺形的大柜台，柜里面预备着热水，可以随时温酒。"喝酒的人常常"靠柜外站着，热热地喝了休息"，"买一碟盐煮笋，或者茴香豆，做下酒物。"这正是绍兴最典型的里巷酒肆，鲁迅熟悉酒，熟悉酒店，才能写出如此生动逼真的酒乡风情图。

鲁迅

《孔乙己》

第八节 壶酒兴邦

古人云：酒犹水，可济可覆。桀、纣酒池肉林，酒覆亡了他们的社稷；越王勾践修明政治，臣民一心，酒扬风鼓帆，助他复国灭吴，留下了壶酒兴邦的佳话。

前章中我们已讲了越王勾践投醪劳师的故事。其实，绍兴酒在勾践的兴国大业中不仅只此一端，而是与其胜败相始终的。

公元前494年，勾践惨败后，与夫人和大夫范蠡等入质于吴。群臣送至浙水之上，悲壮地唱出了《越群臣祝》歌。《吴越春秋》记载越王勾践五年五月，与大夫种、范蠡入臣于吴，群臣皆送之浙江之上，"临水祖道，军阵固陵"，这时文种上前，代表诸臣向勾践献酒两杯，并进祝词道："皇天祐助，前沉后扬，祸为德根，忧为福堂。威人者灭，服从者昌。王虽牵致，其后无殃。君臣生离，感动上皇。众夫哀悲，莫不感伤。臣请荐脯，行酒二觞。"勾践听了文种祝词，"仰天太息，举杯垂涕，默无所言。"这时，文种又上前鼓励勾践，指出必能前沉后扬，来归越国。文种举杯敬酒曰："大王德寿，无疆无极。乾坤受灵，神祇辅翼。我王厚之，祉祐在侧。德销百殃，利受其福。去彼吴庭，来归越国。觞酒既升，请称万岁。"

勾践满饮两杯酒后，心情无比激动，情绪为之振奋，于是向群臣深深自责，不能守国于边，以致"今遭辱耻，为天下笑。"同时，又请众人提出兴亡继绝、统烦理乱方略和建议。于是大夫扶同、苦成、文种、范蠡、计倪、皋如、曳庸、皓进、诸稽郢等，各述其志，并决心同心护国，以待勾践返回。这两次进酒和祝酒辞，言悲辞苦，莫不感伤，但君臣共饮，互相激励，变痛苦为感奋，变哀切为坚强，是深情的送别，更是壮烈的饯行。

在《国语·越语下》中，还记述了越王勾践酒荒与觞饮两种对酒截然不同的态度。有一次，他曾对范蠡说："先人就世，不穀即位。吾年既少，未有恒常，出则禽荒，入则酒荒。"意谓自先王去世，我即了王位，但那时年少无知，没有恒心，出门则耽溺于射猎，进宫就沉湎于饮酒。而正是这"禽荒"与"酒荒"，导致了他后来的会稽之耻。

但自入吴3年，受尽耻辱，于公元前490年回来，此后，他对酒的态度完全变了。酒成了他生聚教训的工具，政治斗争的手段。又有一次，勾践问计于范蠡，范蠡提出为麻痹吴国，越王应故意沉溺于田猎宴饮，表现出不以吴为念的消极态度。范蠡说："王其且驰骋弋猎，无至禽荒；宫中之乐，无至酒荒；肆与大夫觞饮，无忘国常。"意即大王你姑且到外面去驰骋射猎，但不要过分入迷，在宫中也不妨饮酒为乐，但不要沉湎忘返，可以尽量地与大夫们举杯饮酒，但不要忘记国家的政事。这韬晦之计，果然使夫差以为勾践胸无大志，于是放松了警惕。就这样，"酒荒"变为"觞饮"，酒从导致败亡的原因，变成复国的力量。

公元前 473 年，勾践一举灭吴，在称霸中原后，还兵于吴。这时，复仇雪耻，威加海内，成霸王之业。于是，置酒文台，群臣为乐，举酒庆功，乐师作乐，大夫文种又上前敬酒。《吴越春秋》录其《祝越王辞》曰："皇天祐助，我王受福。良臣集谋，我王之德。宗庙辅政，鬼神承翼。君不忘臣，臣尽其力。上天苍苍，不可掩塞。觞酒二升，万福无极。"勾践受酒之后，文种再敬酒，并词曰："我王贤仁，怀道抱德。灭仇破吴，不妄返国。赏无所吝，群邪杜塞。君臣同和，福佑千亿。觞酒二升，万岁难极。"酒毕，群臣山呼万岁。想起当年浙水之上两次敬酒、两次唱辞的惨别情景，对比今日文台之上欢呼雀跃的庆功场面，不禁让人举杯兴叹，感叹嘘唏。从浙水的送别酒、生育的奖励酒、宫中的韬晦酒、出师的投醪酒和文台的庆功酒，构成了一部越国发愤图强的慷慨乐章，酒成了这一历史的见证人。

第九章
经典名地　醉美酒乡

"温两碗酒，要一碟茴香豆"，封存古城记忆的城门，徐徐打开，穿长衫的孔乙己，缓缓走来，乌篷船、乌毡帽、社戏，都向我们涌来。绍兴古城在这琥珀色的光与影下变得鲜活而生动。

视频：黄酒产区分布情况

绍兴是我国著名的历史文化名城和优秀旅游城市，素有"水乡、酒乡、桥乡、戏剧之乡、名士之乡、书法之乡"的美誉。作为我国著名的酒文化名城，绍兴酒已有 2400 多年的悠久历史。自古以来绍兴人对酒情有独钟，至今很多地方还保留着"冬酿"的习惯，酒已融入了绍兴人的日常生活之中。漫步绍兴的街市小巷，小桥流水，粉墙黛瓦，到处都是一幅幅美丽的水乡风情图，还有那随处可见的杏黄旗迎风招展。那满目的酒楼、酒坛、酒幌，每一处都透着浓浓的酒香，每一步都浸润着醇醇的酒意，真可谓古城无处不酒家。

随便跨入一家酒店，温一壶热老酒，来一碟茴香豆，夹一块臭豆腐，闻一闻酒香，品一品酒味，猜一猜酒名，把盏浅饮，别有一番情趣。若是时间充裕，你还可以脚踏乌篷，泛舟鉴湖，微风拂面，尽享这场温柔的酒乡之旅。若是余兴未了，还可以去参观黄酒博物馆，了解悠久的绍兴酒史，观赏精美的花雕艺术。当然，也可以当回品酒师，品味一下绍兴酒的不同风味以及陈年花雕酒的独特香韵。要是还不过瘾，那就到名酒厂现场看看古老的酿酒工艺，或者去咸亨酒店，体验一下孔乙己当年就着茴香豆饮酒，口吟"多乎哉，不多也"的境遇。

"举杯品琼浆，共道加饭香"。如果说屡试不第、一生潦倒的孔乙己邻柜而饮，表达的是"举杯消愁愁更愁"的落魄情态，那么，今天的时尚一族用冰镇绍兴酒却又是另一番情景。所谓"酒逢知己千杯少"，此时此刻，乡音之别、国界之隔、新旧之知都不复存在，面对这橙黄色的"天之美禄"，人与人之间更多的是理解和欢乐，友情、亲情、爱情在浅斟慢饮中得到了升华。

真如此，不得不佩服我们的祖先管理思想及理念之超前。

《宝庆会稽续志》I卷中记载：南宋时的绍兴"苗米仓在府荷东，糯米仓在西门外，激赏酒库在照水坊，都酒务在莲花桥"。可见，南宋对绍兴酒生产及经营的流程管理达到了极其细致并严格的程度，他们将买卖酒的流程加以严格控制，将生产和销售分离，以最大限度地避免酒税源的流失。

第一节　绍兴风采

绍兴黄酒的包装创新演绎离不开当地富有特色的人文地域文化，如果我们以历史、文化、区域等多个视角来审视绍兴黄酒的包装，则更能感受其独特的历史与人文风采。

1. 历史视角

绍兴黄酒历史悠久，享誉全球。其包装的历史风采着重体现在两个层面。其一，绍兴黄酒的人文层面。绍兴自大禹治水改"茅山"为"会稽山"后，逐渐兴盛，涌现了大禹、勾践、王羲之、陆游、王守仁、鲁迅、竺可桢等一大批著名的历史名人，可谓钟灵毓秀，人杰地灵。其二，绍兴黄酒悠久的历史层面。7000多年前，河姆渡遗址出土的大量稻谷堆积以及

绍兴美景

陶罐、陶盉、陶杯等容器，还有2400多年前的正式文字记载，均显示了绍兴黄酒独特的历史风采。像"会稽山"百年陈酿正是基于这样一种历史视角，以名贵胡桃木和官窑制成的"百年凤耳樽"等包装，精心打造而成的尊贵酒品。

2. 文化视角

绍兴是我国首批历史文化名城之一，其蕴含的历史人文积淀和随处可见的历史人文遗址令人惊羡。"一草一木、一岩一石、一亭一台，无不蕴涵着一段历史，演绎着一个故事。"舜王庙、大禹陵、越王台、投醪河、马臻庙、鉴湖、兰亭、沈园、宋六陵、王阳明墓、青藤书屋、鲁迅故居、三味书屋、咸亨酒店、秋瑾烈士纪念碑、周恩来祖居、蔡元培故居、古越藏书楼、大通学堂、古纤道无不饱藏着丰富的人文典籍，深蕴着令人神往的传说故事，从而成为绍兴独特的文化遗产，也使绍兴获得了"一座没有围墙的博物馆"的城市美誉。目前，绍兴不少黄酒企业、品牌、包装都带有浓厚的绍兴人文山水印迹。

3. 名人视角

绍兴是历史文化名城，这里人才荟萃，千古亘绵，不但哺育了勤奋和智慧的绍兴人民，更有舜、禹、勾践、陆游、徐渭、王羲之、王守仁、周恩来、鲁迅、徐锡麟、秋瑾、蔡元培、马寅初、张岱、马臻、汤绍恩、西施、曹娥等一大批先贤名人、仁人志士成为绍兴人的表率。他们的故事、传说、诗文、著述，他们的成果、作为和功绩，已成为绍兴乃至中华民族不朽历史的一部分，成为哺育我们的重要精神营养，激励复兴的不竭动力。

4. 地域视角

绍兴山清水秀，人杰地灵，有"东方威尼斯"之称。"白玉长堤路，乌篷小画船""镜湖水如月，耶溪女如雪"描述了绍兴独特的水乡风光和神韵。摇一叶乌篷，泛舟鉴湖，赏水乡美景；行走大禹陵，瞻仰治水英雄的英姿；漫步府山，凭吊越国先祖；游鲁

迅故里，参悟大师思想；在周恩来故居，瞻仰伟人丰碑。可谓处处有深意，事事有韵味。

还有，绍兴独特的黄酒，质地醇厚，品种繁多，无人不为之陶醉。正如有人所言，"到绍兴若不喝黄酒，那就不能算到了绍兴"。此话绝非商贾广告，而是政要、文人、市民百姓的共同心声。摇一叶乌篷，品一杯黄酒，于鉴湖之上，赏美景，品美酒，优哉游哉，实乃人生一大乐事。

第二节　酒木桥

酒木桥位于绍兴东浦镇，介于东浦陆家溇与磨坊溇之间，全长 7 米，桥面宽 2 米，为中间大、两边小的三孔圆弧形桥洞的石砌拱桥。中孔较大，跨径 4 米，两边小孔各跨 2 米，远看如酒坛倒置水中，凸现酒之风骨及典型造型，彰显酒乡之风采。整座桥轻盈俊逸，别具一格。桥墩两边石扶栏上凿有水纹图案，中间桥洞两侧刻有长条形阴文正楷楹联，联首各琢雕成兽头。东西桥联是"新建桥成在越浦，桥横镜影便齐名""浦北中心为酒国，桥西出口为鹅池"，该桥联由当年热诚学校校董曹芝轩先生所撰，其建造经费由当地酿酒坊主共同募捐承担，加之桥南陆家溇为汤元元酒坊，故旧称酒木桥。

第三节　酒缸山

酒缸山又名酒瓮石，或秦皇酒瓮，地处绍兴稽山东门外十余里的地方。《越中杂识》上卷云："酒瓮石，在射的山足，三品石峙，其状如瓮"，《旧经》云："巨石三，在镜湖东，时人称之秦皇酒瓮石。"

相传酒缸山有个美丽的传说。记不清是哪个朝代了，在绍兴稽山门外的山上住着个孤苦伶仃的老婆婆，她待人热情和气。到稽山外砍柴的人总爱到她家去歇力，顺便买她打的草鞋。她呢，夏天把凉茶摆在门口给人喝，冬天会把你带去的干粮、冷饭蒸热。过往的人没个不夸她好的。

一个夏天的傍晚，在她家门前来了一个跛脚的叫花老头，脸色苍白，举步维艰。原来他脚上生了恶疮。老婆婆连忙将老头扶进屋，烧米汤给他喝，烧热水给他洗脚，打着扇子给他赶苍蝇蚊子，招待得真是无微不至。

过了三天，叫花老头的病好了，就一声不响自顾下山去了。要是换个人，定要口出怨言。可老婆婆呢，不但不埋怨，反而为其病愈而高兴呢！

又过三天，那叫花老头又上山来了。这回真像换了个人似的，只见他鹤发童颜，目光炯炯，脚儿虽跷，却连个烂疮疤也看不见，老婆婆又很热情地招待了他。

"老婆婆，我没啥东西谢你，喏！"叫花老头边说边摸出两只糯米粽，"这是我在村里讨来的，送给你吧。"

老婆婆一口谢绝说："唉！要谢啥呢！常言道亲帮亲，贫帮贫嘛，你这样反而见外了。留着爬山过岭饿了吃吧！"说罢，老婆婆端来一碗热茶，硬要叫花老头当面把粽子吃下去。叫花老头吃完粽子，说"唔，老婆婆，你真善良，能济苦救贫，既然你粽子不肯收，那我就把这点东西送给你吧。"他走到屋边有股山水窜落的地方，用手把那两张粘着几粒糯米饭的箬壳贴在岩石上。说也奇怪，那股山水一窜到粽箬底下，霎时颜色由清变黄，发出扑鼻的香气来。

叫花老头微笑着说："你尝尝看，喏，它已变成老酒了，今后你就可以靠它养老啦！"老婆婆撩起围裙擦了擦眼睛，挨近流下来的山水仔细地看了看，又用鼻子嗅了嗅，用手掬起尝了尝，哎，真是香透心脾，醇美无比啊！老婆婆笑得眼睛眯成一条线，转身要道谢时，那个叫花老头早已无影无踪了。老婆婆惊喜不已。愣了半天，她忽然想起人家说过的上八洞神仙铁拐李，越想越像，连忙对空拜谢不已。

从此，老婆婆就卖起酒来了，她的酒虽是上等美酒，但卖得很便宜。有些砍柴的人没有钱，她还连酒带菜招待他们。正因为如此，老婆婆的生意越来越好，加上有这样奇妙的传说，就更令人向往。于是，她的家里人来车往，天天像赶会市一般。

那时绍兴的县官叫莫德贵，绰号"刷白烟囱"，意思是表面雪白肚里墨黑，是个典型的白糖包砒霜的坏人，老婆婆卖酒的消息传到他耳朵中，他顿时涎水垂下三尺长，马上坐上大轿，带了十个随从挑着酒坛来了。到了山上一看，一尝，果然如此，欣喜若狂。

县官一面用大碗喝着酒，一面皱着眉头想这里的酒如此之好，要是归我所有，那不是发大财了吗？当他知道这里之所以有这样的美酒，是因为粘在岩石上的两张粽箬的缘故，顿起贪念："嘿，我要是把它扯回去，贴在后花园的塘里，不就行了！"狂想至此，他心中暗暗大喜，就不管三七二十一抓住其中一张用力一扯，可是怎么也扯不下来，花尽吃奶力气再扯，突然"砰"的一声，那粽箬霎时变成一只大酒缸，把肥官扣进缸里，任凭十来个随从花了九牛二虎之力，也没能挪动分毫。大酒缸越来越硬，没一顿饭的工夫，将县官紧紧地围合起来，变成了一块大石头。这块大石头如今仍耸立在那座山头上，有两围大，同反扣着的大酒缸一模一样。当地人就把这座山称为酒缸山了。

从这以后，老婆婆的酒也就少了一半。可是坏事变成了好事，由于有县官莫德贵的前车之鉴，那些地头恶棍再也不敢来霸占它了，酒缸山就这样保留至今，带给我们趣典和佳话、无尽的想象和愿景。

第四节　壶觞村

壶觞村又名湖桑、湖双。在鉴湖旁，位于绍兴东浦西南边的一个村落，村子较大，俗称"十里湖觞"。该村背靠梅里尖山，面临鉴湖，依山傍水，景色宜人。在古代这一带酒坊尤多，故以酒具壶、觞作为村名。南宋诗人陆游《游山西村》一诗指的就是这个壶殇村，壶觞村或壶或觞，不论从哪个角度看都与酒有相喻相映之趣。历史上曾经有过许许多多关于它和酒的趣闻传说，或近或远，或书或传，始终与酒有不解之缘。随着时代的变迁，该地近代虽少酿酒作坊，但村民在建屋挖地时发现很多的碎坛片，这些碎坛片原均系酒的器具，如此多的集聚至少可以说明此处曾经与酒有关，有关的传说和佳话或多或少可以得到证明。清时此处多有酿酒小坊。从地名推断，也可见是古时一个酒村，陆游在《九月三日泛舟湖中作》曰：

> 儿童随笑放翁狂，又向湖边上野航。
>
> 鱼市人家满斜日，菊花天气近新霜。
>
> 重重红树秋山晚，猎猎青帘社酒香。
>
> 邻曲莫辞同一醉，十年客里过重阳。

诗中的"鱼市"就是壶觞，它既是产鱼之处，又是酒业闹市。据查证，清时壶觞村前有一小岛名曰鉴湖小岛，又叫中诸洲。古时曾在岛上筑"流觞亭"，为历代文人墨客举杯畅饮、赋诗作书之地。亭内附祀王羲之、陆游等先贤画像。日久湮圮，至今唯在水底尚有遗址，遇早年水浅时，舟楫经过有搁浅之虞。1964年农业学大寨时期，常进行水利基本建设，不时地能见其真容，精明者曾用此亭名在20世纪80年代东浦镇办酒厂时做了注册商标。

第五节　流觞亭

现存的流觞亭位于绍兴南13千米的兰亭，是当年王羲之"曲水流觞"的故地，流觞亭亦是为纪念当年王羲之等人在曲水边集会赋诗而建的。《晋书·王羲之传》中有记载："会稽有佳山水，名士多居之。谢安未仕时亦居焉。孙绰、李充等以文义冠世，并筑室东土与羲之同好。尝与同志宴集于会稽山阴之兰亭，羲之自为序以申其志。"这座流觞亭建于清代，亭的周围木雕长窗，外面走廊环绕，古色古香。亭内墙上挂着一幅"流觞曲水图"，生动地再现了当年王羲之等人修禊雅集的情景：有的低头沉吟，有的举杯畅饮，有的醉态毕露，令人叫绝。流觞亭前有一条弯弯曲曲的水沟，水在曲沟里缓缓流过，这就是有名的曲水。曲水自平冈蜿蜒向南，两岸砌石，犬牙交错，水不深，正可以泛觞。自 1985 年 1 月始，绍兴市人大常委会决定每年的农历三月初三为绍兴书法节。每逢此佳节，以曲水流觞最为引人入胜。中外书法家列坐在曲水两岸，盛有绍兴酒的"觞"从上游缓缓漂来，停在谁身边，谁就吟诗一首或放歌一曲，不能为者则斟饮绍兴酒三杯，仿效永和旧事。此亭声名日兴，参观者络绎不绝。

第六节　鉴湖

俗语说："水为酒之血。"没有好水是酿不出好酒的，因此佳酿出处必有名泉。绍兴酒之所以晶莹澄澈，馥郁芳香，成为酒中珍品，除了用料讲究和有一套由悠久酿酒历史所积累起来的传统工艺外，还因为它是用得天独厚的鉴湖水酿制的。

鉴湖

鉴湖是东汉时期修筑起来的一个人工湖。上古时代，今天的绍兴是一片沼泽地，南有会稽山洪水的漫流，北受杭州湾海潮的冲刷。据《越绝书·计倪内经》说，越王勾践时，还是"西则通江，东则薄海，水属苍天，不知所止"的状况。勾践为吴国所败，实行生聚教训，才开始零星地围堤筑塘，进行耕作。到东汉顺帝永和五年（公元 140年），会稽太守马臻（字叔荐）为了保持和发展农业生产，发动民众，大规模地围堤筑湖，从而形成鉴湖。当时鉴湖的湖堤以会稽郡城为中心，分东西两段，东起今天上虞区的曹娥江，向西经过郡城之南，折向西北，止于与今天萧山区相邻的钱清江，全长63.5 千米。湖的南界是会稽山北面丘陵的山麓线，北面是湖堤，全湖呈狭长形，周围179 千米，面积约 206 平方千米，分布在山阴、会稽两县境内，会稽山北面丘陵上的若耶溪、兰亭溪等 36 支大小溪流都注入湖内，为鉴湖提供了丰富的水源。因为湖面很大，湖形狭长，所以古代有"大湖""长湖"之称。又因它在郡城之南，称为"南湖"，因其水清如镜，又称"照湖""镜湖"或"鉴湖"。此外，还有"庆湖""贺湖"之名。

鉴湖是一个属湖泊蓄洪和洼地蓄洪的人工水库。由于湖面广阔，有巨大的蓄洪能力，会稽山之水被拦蓄湖内。湖堤有闸门，又筑斗门、闸、堰、阴沟等排灌设施，与湖北的山会平原相通。闸门可以启闭，雨水多时，不使洪水淹没农田，旱时可用湖水保证灌溉。正如南北朝时孔令符在《会稽记》中指出的："筑塘蓄水高丈馀，田又高海丈馀，若水少则泄湖灌田，如水多则开湖泄田中水入海，所以无凶年，堤塘周回三百一十里，溉田九千馀顷。"从此山会平原 9000 余顷土地减少了自然灾害，成为一片沃壤。汉代以来，湖中还大面积种植莲藕、芡实和莼菜，数量之多，质量之佳，均有盛名，至于鱼虾，更是品种全，数量多，除鳜鱼、鲈鱼、银鱼等名贵鱼类外，有一种鳗线，尤以肉味鲜嫩而备受称道。鉴湖的建成，保证了当时山会平原农业生产的发展，使它成了鱼米之乡。

至于以鉴湖水酿成中外闻名的绍兴酒，则又是鉴湖的特殊贡献了。可以说，绍兴这块地方之所以能够发展、繁荣，是从有了鉴湖开始的。鉴湖堪称绍兴之母。可是这位发动修筑鉴湖的太守马臻，却因为在围湖时动用了皇粮，还淹没了一些土地、房屋和坟墓，受到豪强的挟嫌控告，竟被昏庸的朝廷处以极刑，为绍兴人民献出了生命。他的功勋永远铭刻在绍兴人民心中，绍兴人世世代代崇敬和怀念这位为他们造福的功臣。唐代开元（公元 713—741 年）年间，绍兴人民在鉴湖边上（今绍兴市偏门外）建起了马太守庙，供人们馨香崇拜。他的坟墓就在庙旁，因北宋仁宗赐封"利济王"，故称"利济王墓"，墓前牌坊正面刻联："作牧会稽，八百里堰曲陂深，永固鉴湖保障；奠灵窀穸，十万家春祈秋报，长留汉代衣冠。"表达了人民对他永久的怀念之情，由于历代加意保护，至今尚存。1982 年，绍兴市文管处将他的坟墓重新加以修茸，现为浙江省文物保护单位。还为他塑了像，并把当年筑湖的事迹做成图表、模型，陈列在绍兴城南禹庙的东庑，以便绍兴人民的子子孙孙可以永远瞻仰这位先贤，缅怀他的业绩，使他与大禹一样永垂不朽。

鉴湖建成之后，在农田水利和经济发展方面所起的作用固然是巨大的。又因为湖水一碧万顷，水天相涵，东、西、南三面均为青山环抱，湖中又有三山、千山、姚屿等可以栖息的洲岛，再加以荷叶芙蓉、渔歌菱女，形成了一个既有秀丽的自然风光，又富于人间情趣的风景区。西晋末年，北方混乱扰攘，大批中原人士渡江南来。他们看到会稽山川辉映，物产丰富，很多名士如谢安、王羲之、许询、孙绰等都纷纷在此卜居，对鉴湖的风光更是流连不止。王羲之、王献之父子曾赞叹说："山阴路上行，如在镜中游，镜湖澄澈，清流泻注，山川之美，使人应接不暇。"此后，唐玄宗又以鉴湖一曲赐给贺知章，使鉴湖的名声远闻长安，吸引更多的诗人骚客来游，留下了千古传唱的名句。如杜甫的"越女天下白，镜湖五月凉"等，可以想见当年诗人鉴湖之游的愉快心情。南宋爱国诗人陆游晚年回到故乡，经常驾着小舟，骑着毛驴，几乎游遍了鉴湖的山山水水，在饱览胜景之余，发出了"千金不须买画图，听我长歌歌鉴湖"的无比赞羡之词。事实上，在杭州西湖尚未开发前，"稽山鉴水"的自然风光曾独步江南，闻名全国。明代袁宏道在《山阴道》一诗中所谓"六朝以上人，不闻西湖好"，说的是历史事实，并非夸张。

自东汉筑成鉴湖以后，大约经历了七八百年，其间水源不断夹带泥沙入湖，又因山会地区河网整治，分出了大量的湖水，使鉴湖逐渐淤浅。同时本地区人口增长，东晋、南宋时期又先后涌入大批移民，粮食的需求量也就随之增加。又由于水网的整治、海塘的修筑，水利形势已起了变化，于是人们就不断地在淤浅处从事围垦，鉴湖也就逐渐湮灭缩小了。到南宋初年，围垦湖田已达 2000 多顷。时至今日，它的一部分成了阡陌纵横的良田，一部分成为经纬交错的河湖，一个碧波万顷的大湖，已变成一片水网地带。但每隔数里，仍保留着单独成为湖泊的大片辽阔水面，那水天澄碧，清漪涟滟的旖旎风光依然不减当年。总的来说，凡是原来鉴湖范围之内的河流湖泊，都是鉴湖的遗迹，都可称为鉴湖。1988 年 7 月，浙江省人大常委会颁布《浙江省鉴湖水域保护条例》，把鉴湖水域分为主体水域和一般水域，称东起绍兴市市郊稽山桥，西至绍兴县湖塘乡西跨湖桥之间的水域为主体水域。

以上说的是鉴湖起源和演变。那么鉴湖水究竟有什么特点？为什么能酿出在黄酒中独树一帜的绍兴酒呢？1981—1983 年，绍兴市环境保护科学研究所、绍兴市工科院、浙江省冶金地质勘探公司和浙江大学、杭州大学等 9 个科研教学单位，曾对鉴湖水质做过一次全面、深入的调查研究。他们所得出的结论，可以回答这个问题。

上面说过，鉴湖水来自会稽山的大小溪流，研究分析水源地区的地质结构得知，在基岩、风化壳、底泥中，对人体有害的重金属含量较低，且处于收敛状态，所以水体所含的重金属元素很少。同时却含有适量的矿物质和有益的微量元素如钼，水的硬度也适中。这些地区又大都有良好的植被，水流经过砂石岩土层层过滤，水源不仅没有受到污染，反而清洁甘洌。

山水流入鉴湖水域以后，四周农田虽不免有少量污水排入，但因为鉴湖范围内的一些湖泊湖面都相当广阔，蓄水量大，使污染物得以迅速稀释。另外，湖水的自净能力比较强，从湖水中无机氮硝化速率来看，约比一般河流快 3 倍，这是许多淤积的湖泊所不能及的。所以鉴湖水具有清澈透明、水色低（色度 10）、透明度高（平均透明度为 0.86 米，最高达 1.40 米）、溶解氧高（平均为 8.75mg/L）、耗氧量少（平均 BOD 为 2.53mg/L）等优点。又因为上游集雨面积较大，雨量充沛，山水补给量较多，故水体常年更换频繁。据估算，平均每年更换次数为 47.5 次，平均 7.5 天更换一次。1973 年达 57.5 次，最少的 1978 年也达到 39.2 次。每次更换，水体中留存的污染也就随之排出，换成新鲜的山泉，这就使湖水能保持长年常新常清。

更特别的是，湖区还广泛埋藏着上下两层泥煤。下层泥煤埋在湖底 4 米深处，分布比较零散，对湖水仅有间接作用。上层泥煤分布在湖岸或裸露在湖底，直接与水体相接触，其长度约占鉴湖水域的 78%，湖底覆盖面积约 30%。这些泥煤含有多种含氧官能团，能吸附湖水中的金属离子和有害物质等污染物。研究结果表明，岸边泥煤层所吸附的污染物高于上下土层，说明它的吸污能力远胜于一般土壤。而实测的结果又表明，至今这些泥煤层所吸附的污染物的含量还很低，仍有巨大的吸污容量。这是特殊的地质条件形成的，是其他湖泊水体所没有的。

但凡酿酒用水，必须水体清洁，不受污染，否则酿成的酒会浑浊无光，称为失色，如有杂质，酒味就不纯正而带异味。同时对水的硬度也有一定要求。水质过硬，不利于发酵，硬度太低，又会使酒味不甘洌而有涩味。鉴湖水即有上述的一些特点，用它来酿酒，自然酒色澄澈，酒香馥郁，酒味甘新，而且对人体还有营养价值。无怪乎绍兴人把绍兴酒称为"福水"了。这是绍兴得天独厚的自然环境和地质条件所赐予的，非人工所能合成。一年之中，鉴湖水的最佳季节在当年 10 月至翌年 5 月之间。这时正值农闲，四周农田很少污水排入湖中，经过秋天的台风雨季，山水大量流入，促使水体恢复到氮、磷含量最少的贫营养化状态，且此季中水体溶氧值高，变化幅度小，水质稳定。同时冬季水温低，含杂菌少，是酿酒发酵最适合的季节，两相配合，所以绍兴酒必重冬酿。这是千百年来劳动人民实践得来的宝贵经验，也是完全符合科学道理的。

鉴湖的优良水质，形成了绍兴酒的独特品质，因此离开了鉴湖水也就酿不成绍兴酒了。清人梁章钜在《浪迹续谈》中就曾说过："盖山阴、会稽之间，水最宜酒，易地则不能为良，故他府皆有绍兴人如法酿制，而水既不同，味即远逊。"抗战时期，绍兴沦陷，交通阻梗，绍兴酒的远销受到影响。绍兴有些酒坊就在上海附近的苏州、无锡、常州、嘉兴等地设坊酿酒，就近取当地优质糯米为原料，从绍兴本地聘用酿酒师傅和工人，用绍兴传统的酿酒工艺如法酿制，但所造的酒，无论色、香、味，都不能与绍兴所产相比，因而只能名为"苏绍"或"仿绍"。所以绍兴酒只能是绍兴产，非外地所能仿造。近年来有些外地厂商和外国商人，他们或者雇用绍兴工人，引进绍酒曲种，或者把绍酒的生产流程全部拍成照片，回去仿制，但仍然酿不出堪与绍兴酒媲美的酒来，其中一个重要的原因就在于他们没有鉴湖水。

2002 年，会稽山绍兴酒股份有限公司同绍兴市质量技术监督检测院对取自鉴湖的水和当地居民饮用水进行了检测，结果表明，鉴湖水中某些微量元素含量高于饮用水数倍乃至数十倍，如铬为 3.36 倍，镍为 4.29 倍，硒为 6.48 倍，钼为 7.04 倍，锑更高达 29.3 倍。

研究数据证实，采用鉴湖水酿成的酒口感醇厚、甘润、鲜爽，而采用其他水源酿成的酒口感则较单薄，厚实度和甘润度也没有鉴湖水好。将两个酒样储存三年后再进行品尝，采用鉴湖水酿成的酒，其香味和口感均明显优于其他水酿成的酒。

第十章

酒厂公司　日新月异

星移斗转，岁月漫漫，共同见证了绍兴黄酒的光辉灿烂和广阔的发展前景。中华人民共和国成立后，1952 年第一届全国评酒会上，绍兴酒被评为全国"八大名酒"之一，获国家名酒称号。1963 年第二届全国评酒会上被评为全国"十八大名酒"之一，获国家质量金奖。绍兴黄酒已然成为中国黄酒中当之无愧的代表。绍兴黄酒发展之路虽崎岖坎坷，但黄酒企业在曲折中前行，在挫折中不断成长，一步步登上新的台阶，扩大品牌影响力，赢得国内外市场的青睐。

第一节　坊单与商标

坊单是古时候绍兴各酿酒作坊用来宣传自家产品的一种标识。古时候的坊单上写明酿坊的名称牌号、历史、品种、酿法、坊主姓名、注册商标，并盖有印章。酒坛外壁和泥头上方盖有方形或圆形、朱红色或黑色的牌印，以示区别。如阮社高长兴酿坊用"加官进爵"图文并茂的坊单；湖塘叶万源复生酿坊用中、英文两种文字的坊单，并在坛壁上盖有"复生牌号"，两旁添注"国府注册""瑞记督造"字样；东浦孝贞酒坊则采用传说中乾隆皇帝御赐的"金爵"标记作商标。不但在泥盖内封入坊单，在坛壁还盖有用黑煤和骨胶调成的皮印。这种方法简单明了，一直沿用至今。

民国期间，绍兴酿坊对商标设计更加讲究。绍兴城区沈永和墨记酒坊，以"老寿星"图案为商标，配上"卫生善酿酒"文字，五彩醒目；马山赏家村谦豫萃酿坊，以"梅鹤"为记，配以五彩花草装饰图案作商标。

1956 年，国家制定了商标条例。从 20 世纪 50 年代起，出口的绍兴酒统一使用"塔牌"商标。1971 年，绍兴糖业烟酒公司在浙江省、绍兴市外事部门指导下，与新华印刷厂联合设计"鉴湖牌"绍兴酒商标。70 年代末，绍兴市酿酒总厂、绍兴东风酒厂（会稽山绍兴酒有限公司前身）均向国家工商总局申请注册内销商标。其时，绍兴酒瓶装商标分为红、黄、蓝、绿四种颜色，分别代表绍兴元红、香雪、加饭、善酿四个品种。

对坊单这一传统标识，现代绍兴酒依然保留了下来。只是现代的坊单变成了一张直径 7 厘米左右、两面印有文字的圆形白纸，上标有产品名称和企业名称、电话、地址、商标、原料、生产年份、执行标准代号以及简要介绍等。

古代没有商标法。清光绪三十年（公元 1904 年），清政府颁发了中国第一部商标法——《商标注册试办章程》，从此以后，才开始注册商标。当时的绍兴各酿坊，采用坊单的形式宣传自己的产品。单上写明酿坊历史、品种、简单酿法、坊主姓名、酿坊牌号、注册商标并盖有印章。坛外壁或泥头上还盖有圆的或方的朱红色木牌印，以示与别的品种相区别。上述酿造于 1928 年，现存绍兴市酿酒总公司的大花雕泥盖内就有一张

坊单, 上面写着如下一段文字:

浙江绍兴自汤、马 (即兴建三江闸的汤绍恩和建造鉴湖的马臻) 二先贤续大禹未竟之功, 建堤、塘、堰、坝, 壅海水在三江大闸之外, 导青旬、鉴湖于五湖三经以内, 用斯水而酿黄酒, 世称独步, 实赖水利之功。近今酒税, 绍兴独重, 比较别区, 数逾五倍。有避重税之酿商, 迁酿坊于苏属, 仿造绍酒, 充盈于市。质式与绍酿无异, 惟饮后常渴, 由于水利非宜。更有唯利是图之售商, 仿绍则利重, 售绍酿则利轻, 每使陶、李 (陶渊明、李白) 之雅士有难购真货之势。本坊章鸿记, 在绍兴阮社, 自清初创始坊址, 逐渐扩充酿缸, 随时增设陈酒, 按年贮存。世业于世, 未便更易。明知利薄, 欲罢不能。幸承京、津各埠大商, 暨东西各国侨商, 不计重税, 委为定酿, 预订远年, 直觉争先恐后。本主人唯有自加勉励, 将向售之远年花雕、真陈善酿、加料京装、竹青陈酒精益求精, 以副雅望。恐被仿冒不明, 坛外特盖用月泉小印泥盖, 内并封入此单, 务请大雅君子购时认明, 庶不致误。本坊章鸿记主人谨述。

以后, 随着民国政府对商标法的修改实施, 绍兴诸多著名酿坊对商标的设计越来越讲究, 如设在市区的老牌酿坊沈永和坊主沈墨臣注册的 "卫生善酿酒", 以及马山镇赏家村的谦豫萃老号酿坊以 "梅鹤" 为记, 配有五彩花草装饰的图案商标, 都很有名气。这两家酿坊的绍兴酒, 被当时政府选中参展 1910 年南洋劝业会和 1915 年美国巴拿马万国博览会, 荣获金、银大奖。

中华人民共和国成立后, 1956 年制定了商标条例, 1965 年又进行修订, 1983 年重新制定《商标法》。作为一项法规执行以来, 绍兴酿酒业的酒类商标逐渐规范化, 大都重新设计, 并按国家标准局颁布的 GB7718—1987《食品标签通用标准》规范执行, 向国家工商行政部门进行登记注册。目前绍兴酒的商标随着酒厂的增加, 已由 20 世纪 50 年代的 5 只, 发展到 74 只, 主要的有《塔牌》(属外贸部门)、《古越龙山牌》(属绍兴市酿酒总公司)、《会稽山牌》(属绍兴县东风酒厂)、《沈永和牌》(属绍兴市沈永和酒厂)、《鉴湖牌》(属绍兴市烟糖公司)、《越泉牌》(属上虞酒厂) 以及鉴湖酿酒厂的《流觞亭牌》、东浦酒厂的《越宫牌》、绍兴县酒厂的《西跨湖牌》等。20 世纪 80 年代以前, 绍兴酒的酒瓶标贴分为红、黄、蓝、绿 4 色, 作为加饭、元红、善酿、香雪 4 个品种的区别。现在则改为 3 种类型, 一种是红底印白字品种名称, 一种是白底印红字名称, 一种是紫红底印白字名称, 标贴上的商标图样已改变了过去的纽扣式, 明显放大, 顾客易于辨认。

2000 年 4 月 20 日, 国家质量技术监督局发布 2000 年第 4 号公告, 通过了对中国绍兴黄酒集团有限公司、绍兴东风酒厂提出的绍兴酒原产地域产品专用标志使用申请的审核, 使这两家企业成为首批获得原产地域产品保护的单位。2000 年 9 月 14 日, 国家质量技术监督局发布 2000 年第 7 号公告, 批准浙江塔牌绍兴酒厂、中粮绍兴酒有限公司、绍兴女儿红酿酒有限责任公司使用绍兴酒原产地域产品专用标志注册登记。2001 年 10 月 14 日，国家质量监督检验检疫总局发布 2001 年第 27 号公告，批准绍兴王宝和酒厂使用绍兴酒原产地域产品专用标志注册登记。至此，在绍兴酒地理标志保护地域范围内共有六家企业获准国家地理标志（原产地域）产品保护，可按照有关规定在其绍兴酒产品上使用地理标志（原产地域）产品专用标志。这六家企业的绍兴酒主打品牌分别为古越龙山、会稽山、塔牌、女儿红、黄中皇、王宝和。

第二节　绍兴酿酒总公司

绍兴市酿酒总公司是全国规模最大、设备最先进、工艺最科学、现代化程度最高的黄酒生产、出口、工贸一体化的国家二级企业。它生产的"古越龙山"牌加饭酒，是国宴专用的陈年绍兴酒。

绍兴市酿酒总公司坐落在绍兴市区的北海桥头。"北海"是绍兴市中之海，民间相传为唐代大书法家李邕（字北海）在越州（今绍兴）为官时住地，占地数十亩。池水清澈，碧波荡漾，荷花盛开时香气袭人。李邕打算告老时，隐居在这里。后来，李邕调任北海太守，为奸党所害。越州的百姓为了纪念他，自唐代起就把这个池称为"北海池"。

如今的北海，北面是绍兴市酿酒总公司的厂区，南面是酒厂的职工宿舍，是市政建设中的"北海公园"。站在北海桥上，就可以闻到空气中飘逸的酒的馨香，一座气势雄伟的建筑群映入眼帘，这就是绍兴市酿酒总公司。

绍兴市酿酒总公司占地面积 11.37 万平方米，有职工 815 人，其中专业技术人员 129 人。拥有一个用微电脑技术控制生产工艺的万吨机械化黄酒车间，一座从联邦德国引进具有 20 世纪 80 年代先进水平的酒瓶灌装楼，一个黄酒科研所和一个花雕彩绘车间。截至 1989 年底，拥有固定资产 2630 万元。1989 年生产黄酒 18400 吨，副产品白酒 1050 吨，年产值 1345 万元，税利 1574 万元，创汇 390 万美元。

跨进绍兴市酿酒总公司的大门，一幢幢高大的厂房鳞次栉比，一只只酒坛堆积如山，好似一座座金字塔。机械化黄酒车间矗立着 76 只贮容量各为 30 吨的钢制发酵罐，每只高 7 米，直径 2.6 米，一只发酵罐犹似一座钢铁堡垒。站在自动进料线前往上望，一粒粒精白的糯米像一颗颗白色的珍珠汇成一条瀑布，奔腾直泻。这里从糯米进去、浸米、蒸饭、发酵、压榨、煎煮到灌坛全部实现机械化、自动化或半自动化和电子化。瓶酒灌装楼是一座 5 层高的建筑物，面积 5500 平方米。从洗瓶、灌酒、密封、杀菌、贴标、包装全部实现自动化，每小时可灌装瓶酒 1 万瓶。拥有先进科学仪器的黄酒研究所和具有东方古老艺术特色的花雕彩绘车间，把古为今用、洋为中用结合起来。古朴的酒史陈列馆和典雅的外宾接待室，引人注目。一座新建的"酒象桥"，似一条彩带把坐落在绍兴古运河两岸的厂区连结在一起。这里简直就是一座酒城。

绍兴市酿酒总公司创建于 1951 年 10 月，原名绍兴酒厂，曾一度改为鉴湖长春酒厂、鉴湖酿酒公司，从 1958 年起，一直统辖绍兴市绍兴酒厂、沈永和酒厂和东风酒厂三大国营酒厂。1983 年市、县行政体制改革后，东风酒厂划归绍兴县，与酿酒总公司实行产、供、销联合。

绍兴酒厂建厂时，只有 18 个工人，租用 20 多间破旧的民房，在北海桥北端的一片废墟上艰苦创业。当年投入冬酿，酿酒 540 缸，生产了特种加饭酒、甲级元红、乙种市酒和香雪酒，总计产量 163.6 吨。如今绍兴市酿酒总公司却在北海边的废墟上建立起一座酒城。规模、产量、税利的增长为初建时的 100 多倍。1988 年起，公司酿制的"古越龙山"牌加饭酒被国家定为"国宴用酒"和"礼品酒"。产品屡获国内、国际金奖，远销五大洲，成为全国最大的黄酒生产、出口企业。

绍兴市酿酒总公司的发展有着许多丰富经验，其中一条重要的经验就是科技兴厂。

绍兴酒被誉为"东方名酒之冠"，其中最主要的条件是勤劳的绍兴人民创造了酿酒的传统工艺。千百年来，绍兴的酿酒传统工艺主要是依靠经验丰富的酿酒师傅眼看、口尝、手摸、耳听的测试方法，所以，酿酒师傅的技术素质决定着酒的质量。这种手工方法的缺陷是，无法使酒的质量始终如一地保持稳定，并限制了大规模的酒业生产。所以，既要保持传统工艺，又要科学生产，就成为发展绍兴酿酒工业的头等重要大事，一项关键性的工作。

绍兴市酿酒总公司从建厂初期起，就集中了绍兴著名的酿酒师傅，对他们的丰富经验及时加以总结。从 1953 年起，建立了化验室，用温度表测定落缸和开耙发酵温度，替代了用手测试温度，掌握了最佳时刻，使发酵温度趋向定型化、合理化，并由此带动产业转型，从生产的自然王国逐步走向必然王国，向科学管理迈出了第一步。

1954 年，开始使用蒸汽蒸煮酿酒原料，取代了传统的地灶铁锅。1955 年，建造高位自来水塔，取代肩挑人抬，实现用水管道化。1960 年，根据力学原理，用千斤顶替代石头压榨，试制成功了"绳索滑轮榨"。此后，又发展到螺旋榨酒机，改变了繁重的体力劳动，解放了生产力。1968 年，全国第一台黄酒压榨机在绍兴酒厂诞生。1970 年首创连续式蒸饭机投入生产。

党的十一届三中全会给绍兴的酿酒事业带来了春天。从 1958 年起就一直从事绍兴酿酒事业的公司总经理刘金柱深知要发展绍兴的酿酒工业必须进行大规模的技术改造。1985 年，全国第一家率先使用微电脑计算控制发酵的万吨机械化黄酒车间在绍兴酿酒总公司投产，使绍兴酒生产工艺全部实现机械化和部分工艺的自动化、电子化。从此，绍兴酒生产打破了季节的局限，终年投产，这是黄酒几千年生产发展史上的大变革。

1987 年，又建造了万吨自动化瓶酒灌装线。绍兴市酿酒总公司的黄酒生产工艺的科学性、合理性、先进性达到了 20 世纪 80 年代国内最高水平。但公司的领导没有满足已有的成绩。他们多次到日本、西德、法国、比利时、东南亚等许多国家和地区考察，看到国际市场对绍兴酒的需求很高，现在的生产规模还远远不能满足，因此他们对绍兴酒走向世界、参与国际市场竞争更加充满了信心。近几年来，公司潜心于科学研究的总工程师李家寿与大专学校、科研单位紧密合作，深入研究了"大容器贮酒""酿酒菌种的筛选和分离""加饭宝"等高科技项目。现在，这些项目已全部通过省级鉴定，部分已应用于生产，待这些科研成果全部实施后，则将彻底革除大大小小、规格不一的缸坛，以现代化的新型的大贮罐取代沿袭千百年的老式坛罐，使绍兴酒不但有"越陈越香"的佳酿，又有"速成也香"的新品；使绍兴酒在保持原有的色、香、味、格的基础上，成为更适应国际市场的营养酒、药酒、美容酒等。一场深刻的黄酒生产技术革新正在绍兴市酿酒总公司深入开展，它的丰硕成果，必将带动绍兴市酿酒总公司以至整个绍兴酿酒工业的进一步腾飞。

第三节　绍兴市糖业烟酒公司

绍兴市糖业烟酒公司是一家专业性黄酒经营企业，公司前身为绍兴酒类专卖处，始建于 1951 年 9 月，负有对酿户及酒类买卖管理的职能。同年 10 月，创建了国营绍兴酒厂，专卖处主任陈永年兼任绍兴酒厂厂长，继而又接收了绍兴私营酿酒大户"云集酒厂"（后改东风酒厂），专卖处易名专卖公司。1953 年实行酒类专卖以后，绍兴黄酒经营业务便由这个公司统一收购、调拨、批发。1958 年专卖公司并入副食品公司，1979年改名为糖业烟酒公司。

绍兴市糖业烟酒公司有 40 年经营黄酒的经验，在绍兴黄酒经营市场起着主渠道和"蓄水池"的作用。中华人民共和国成立以来，国家十分重视绍兴酒的生产和经营。对外出口由外贸进出口部门安排生产，组织出口，国内市场一直由专卖公司负责。从1953 年对酒类实行统一收购专卖管理以后，公司将绍兴黄酒调往全国各省、自治区、直辖市。在 20 世纪 50 年代，每年一般在 5000~8000 吨，即使像西藏、青海等交通条件极度艰难、调拨黄酒的数量又不多的边陲高原地区，就是用骆驼背、人工扛，也要将绍兴酒抵达销售地。党的十一届三中全会以后，绍兴黄酒销售飞跃发展，1979—1986 年 8年间，每年调往省内外黄酒 1 万吨左右，当地销售量每年都在 1 万吨以上，1986 年高达2 万余吨，比 1952 年的 2205 吨增长近 10 倍。调往省外的黄酒行销全国 29 个省、自治区、直辖市，其中销量最大的数上海、福建、北京、武汉等省市。近年来，又在广东、深圳打开销路，销量逐年增加，并通过民间贸易渠道，运销"鉴湖牌"加饭酒到台湾市场，深受欢迎。

绍兴市糖业烟酒公司建有一整套较为完善的经营绍兴黄酒收购检验、生产加工、仓储运输等规范化制度和科学检测技术。由于绍兴酒具有越陈越香的特点，为了保持陈酒醇香，该公司将收购的黄酒经仓库储存 3~5 年后再销售外调。为此，先后建造专用黄酒仓库 5 处，建筑面积达 1.2 万平方米，连同原有旧仓房，常年可储黄酒 1 万余吨，确保正常的调拨和销售。1956 年，为了适应市场的需要，公司开始设置瓶酒灌装厂，当时以灌装 4 两装的糟烧供应农村市场，继而在 1958 年扩大瓶酒工厂，灌装 1 斤装元红酒，供应城镇居民及外地游客。到 20 世纪 60 年代末至 70 年代初，转而灌装 500 克瓶装和 1625 克坛装加饭酒，开始使用"鉴湖牌"商标，产品行销全国各地。"鉴湖牌"加饭酒销量与日俱增，到 1980 年公司所属的瓶酒车间已初具规模，灌装—杀菌—包装各道环节实现机械化、半自动化，日产"鉴湖牌"加饭酒万瓶以上，仍满足不了市场的需求。

第四节　鉴湖酿酒总厂

20 年来，绍兴"鉴湖牌"加饭酒，凭借其牌子最老、覆盖面最广、流通渠道最畅的声誉，在国内市场独居优势。1984 年，随着流通体制改革的进一步深化，绍兴的 3 家国营酒厂实行产销一条龙。另一方面绍兴乡镇酒厂发展到 50 余家，为了顺应改革的形势，走工贸联合捷径，以适应瞬息万变的市场，公司充分利用近 40 年经营黄酒的经验、遍及全国的销售网络和信息渠道，凭借雄厚的资金、仓储条件，在省市领导的支持下，选择黄酒品位高、生产规模较大、有发展潜力的东浦、鉴湖、马山 3 家乡镇酒厂，建立黄酒生产的联合体，并且给他们以"四帮"（即帮资金、技术、设备、信息），促进生产的发展和产品质量的提高，使之在历届市、县黄酒质量评比中名列前茅。如东浦酒厂 1987 年获省商业厅最佳产品奖，1988 年获省优质产品奖，1989 年又获农业部优质产品称号，在全国民用产品"精英大赛"上获精英大奖。

绍兴市糖业烟酒公司通过横向联合，在大力扶持地方工业的同时，为了确保"鉴湖牌"优质黄酒资源，增强黄酒经营的竞争力，于 1986 年筹建鉴湖酿酒总厂，经过几年的艰苦创业，现在一座年产黄酒能力为 4000 吨，日产"鉴湖牌"瓶装加饭酒 1.5 万瓶的中型酒厂，已矗立在山色秀丽、碧波荡漾的十里湖塘之畔。该厂采取了一系列强化黄酒质量的措施：第一，厂址设在鉴湖源头的十里湖塘，取鉴湖水酿酒；第二，按传统工艺制作，严格控制出酒率标准；第三，采购上等团糯为主要原料；第四，加强技术力量，有经营黄酒经验的公司副经理刘六一具体指导生产与经营，聘请国家级评酒师朱传声为技术顾问。鉴湖酿酒总厂生产的"鉴湖牌"加饭酒由于质量不断提高，销路越来越宽广。1989 年 10 月，"鉴湖牌"加饭酒经"国家副食品质量监督检验测试中心"在上海市闸北区糖业烟酒公司批发市场跟踪抽检，7 项理化指标和 1 项感官指标全部符合国家 QB 525—1981 和 GB 2758—1981 标准，公司接到了"国家监督抽查产品质量检验（复检）结果通知单"：合格。这是鉴湖酿酒总厂产品质量最可靠的鉴定书。1989 年"鉴湖牌"加饭酒荣获"中商部部优产品"称号，同年，鉴湖酿酒总厂被浙江省计经委定为省黄酒生产重点企业和绍兴市黄酒生产一类企业。

进入 20 世纪 90 年代，"鉴湖牌"加饭酒出口日本，走向世界。

第五节　东风酒厂

东风酒厂位于绍兴县阮社乡。阮社原名竹村，相传魏晋时"竹林七贤"中的阮籍、阮咸叔侄曾因避战乱在此居住过，故改名阮社。至今，阮社的"荫毓桥"上还镌刻着一副对联："一声渔笛忆中郎，几处村姑祭两阮"。两阮都是嗜酒成性的人物，可见在魏晋时代，阮社一带必已产酒。阮社，地处鉴湖中心，南部是群峰叠翠的会稽山。会稽山 36 源水，由南而北入百里鉴湖，到阮社一带，湖面开阔，水澈如镜，甘洌可口，具有得天独厚的酿酒条件。据 1932 年出版的《中国实业志》记载，绍兴年产 300 缸以上的酒坊共 46 家，阮社占 24 家；年产 1000 缸以上的大酒坊 9 家，阮社占 4 家，如茅大升、章东明、章彰记、商长兴等著名大酒坊都在这里，是绍兴历史上西路酒的主要酿酒基地之一。

东风酒厂原名云集酒厂，创建于 1743 年，是一家具有 247 年历史的老厂。1743 年正处于清朝的鼎盛时代，也是绍兴酿酒史上的鼎盛时期。当时，创始人周佳木在东浦开办酒坊，取名"云集"，意在名师云集。经过周佳木几代经营，就赢得了东浦之酒以"云集"最著名的声誉。到清末民初，云集酒坊已在国内形成销售网络，分售所遍及上海、广州、天津等地，在北京就有：延寿街的"京兆荣酒局"、巾帽胡同的"玉盛酒栈"、煤市街的"复生酒栈"和杨梅竹斜街的"源利酒栈"，以及杏花春、斌升楼等各大酒菜馆。云集酒坊为引起销售单位的兴趣，在每百坛中有两坛的坊单上放有彩票，启封时获彩票者，可持"彩票"向当地经销单位领取奖品。

第六节　会稽山

会稽山绍兴酒有限公司创建于 1743 年（清乾隆八年），其前身为"云集信记酒坊"，后又经过了"绍兴县公营云集酒厂""绍兴东风酒厂""东风绍兴酒有限公司"的发展演变，拥有 260 多年酿造绍兴酒的悠久历史和经验。公司年产绍兴黄酒 6 万千升，占地面积 39 万平方米，拥有固定资产 4.8 亿元，为国家大型一类企业，主要生产"会稽山""兰亭"牌绍兴加饭（花雕）酒，为世界黄酒最大的生产出口基地之一。

该公司位于我国著名的历史文化名城——江南水乡绍兴，地处鉴湖水系中上游，紧靠 104 国道及沪杭甬铁路，交通十分便捷。

早在 1915 年，云集信记酒坊的周清酒（善酿酒）便在美国旧金山举行的巴拿马太平洋国际博览会上为绍兴酒夺得了第一枚国际金奖。公司产品至今已多次荣获国内外金奖，一直被国际友人誉为"东方红宝石""东方名酒之冠"。

会稽山绍兴酒传承千年历史，延续百年工艺，以精白糯米、麦曲、鉴湖水为主要原料精心酿制而成。产品经多年陈酿，酒度适中，酒色橙黄晶亮，酒香馥郁芬芳，幽雅自然，口味甘鲜醇厚，柔和爽口，营养丰富，是一种符合现代消费理念、品位较高、适应世界潮流的低度营养酒，也是我国首批原产地域保护产品。适量常饮，可修身养性、延年益寿。

会稽山商标

多年来，公司严格遵循精酿绍兴酒、持续创名优、诚心待顾客的质量方针，狠抓质量、重塑品牌，以向消费者奉献绿色、健康、安全的饮品为己任，成效卓著。1997 年，公司在全国黄酒同行业中成为首家通过大会堂指定唯一国宴专用黄酒；1999 年，"会稽山"商标被国家工商总局认定为"首批国家重点保护商标"；2000 年，公司被国家质量技术监督局批准为首批"原产地域产品标志"保护企业；2001 年通过 ISO14001 环境管理体系认证，并被中国绿色食品认证中心批准为"绿色食品"标志使用企业；2004 年又作为浙江省清洁生产的试点企业通过清洁生产验收，会稽山绍兴酒多次被评为"浙江省名牌产品""浙江省免检产品""消费者很满意产品"；2005 年"会稽山"商标获"中国驰名商标""国家免检产品"称号，产品不但畅销江、浙、沪、闽、京等地的大、中市场和港澳地区，而且远销日本、新加坡及欧美等 30 多个国家和地区；2016 年，成为 G20 杭州峰会指定用酒；2022 年，会稽山黄酒成为杭州亚运会指定黄酒，再一次助力中国黄酒走向世界。

百年传承创新，"会稽山"始终以酿造高品质黄酒为己任，在传统工艺基础上，以科技助力传统，以智慧复兴国粹，让绍兴黄酒千年技艺更具魅力，使"会稽山"成为高品质黄酒的代表，实现"国粹"黄酒的复兴之梦。

会稽山酒

第七节　古越龙山

中国绍兴黄酒集团有限公司系全国 520 家重点企业之一，中国酿酒工业协会黄酒分会理事长单位，总资产 40 亿元，员工 3800 余人。集团公司以黄酒为主业，积极发展黄酒相关行业、开发黄酒延伸产品，并涉足高新技术。

由集团公司独家发起组建的浙江古越龙山绍兴酒股份有限公司，是中国黄酒行业第一家上市公司，目前"品牌群"中拥有 2 个"中国驰名商标"、4 个"中华老字号"。其中"古越龙山"是中国黄酒标志性品牌，是"亚洲品牌 500 强"中唯一入选的黄酒品牌。是我国最大的黄酒生产、经营、出口企业之一，拥有国内一流的黄酒生产工艺设备和一个省级黄酒技术中心，是国家非物质文化遗产——绍兴黄酒酸制技艺的传承基地，聚集多名国家级品酒大师，年产黄酒 13 万千升。主要产品"古越龙山""沈永和""鉴湖""女儿红"牌绍兴酒是国家优质产品，多次荣获国际国内金奖，是中国首批原产地域保护产品。"古越龙山"是黄酒行业中唯一集中国名牌产品、国家免检产品、中国驰名商标、国宴专用黄酒于一身的品牌。具有 300 多年历史的"沈永和"老字号和"鉴湖"是浙江省著名商标，产品畅销全国各大城市，远销日本、东南亚、欧美等 30 多个国家和地区。

古越龙山绍兴黄酒

2008 年古越龙山牌黄酒入选北京奥运菜单，成为奥运赛事专用酒；2010 年上海世博会期间，一坛古越龙山佳酿为中国国家馆永久珍藏；2015 年古越龙山 20 年陈佳酿荣登奥巴马宴请国家主席习近平的白宫国宴，见证中美友谊；2016 年 G20 杭州峰会期间，古越龙山 8 款佳酿入选 G20 峰会保障用酒；古越龙山牌黄酒成为第二届、第三届世界互联网大会接待指定用酒。古越龙山还成为 2021 年迪拜世博会中国馆宴会厅指定黄酒、2022 年杭州亚运会官方指定黄酒。在 2017 年度国家科学技术奖励大会上，古越龙山主要参与的黄酒科研项目"黄酒绿色酿造关键技术与智能化装备的创制及应用"获得 2017 年国家技术发明奖二等奖，引领行业技术进步，并创立古越龙山-江南大学黄酒酿造创新实验室，推进黄酒领域研究与创新。2019 年，黄酒集团荣膺中国经济传媒大会颁发的 2019 年"中国创新领军企业"称号，浙江省绍兴黄酒产业创新服务综合体列入省级培育名单，2021 年，古越龙山获批国家级博士后科研工作站，荣获"十三五"中国酒业科技突出贡献奖。

古越龙山公司

第八节　塔牌

浙江塔牌绍兴酒厂是由浙江省粮油食品进出口股份有限公司投资创办的一家专业生产优质绍兴酒的大中型企业。产区占地 13.4 万平方米，现有员工 450 人，总资产 2.7 亿元，年产传统手工黄酒 23000 千升，自动化灌装能力 12000 千升，是绍兴酒重要的出口基地。

浙江塔牌绍兴酒厂位于会稽山旁，地处鉴湖源头之滨，既得稽山灵气，又取鉴水精华，且有经验丰富的酿酒名家掌耙，对绍兴酒色、香、味及风格形成的研究有较高的造诣。塔牌绍兴酒全部采用延续几百年的传统工艺，选料讲究，冬酿冬水，制作精细，所酿之酒不但色泽橙黄、清亮透明、富有光泽，且经多年陶坛贮存，酒香浓郁纯正，酒味醇厚、平稳、丰满、结实，口感鲜美爽口。在此基础上形成塔牌绍兴酒自己的独特风格，即和谐可口、刚柔相济、酒度适中，饮之实乃一种享受。

塔牌酒厂商标

塔牌绍兴酒自 1958 年进入国际市场以来，因其浓馥的酒香、醇厚的口味而享誉 30 多个国家和地区，年出口 7000 千升，创汇 1200 万美元。1993 年被指定为中南海和人民大会堂国宴专用酒；1995 年被评为"浙江省著名商标"；1997 年被浙江省质量技术监督局评为免检产品、"浙江省名牌产品"；1999 年被国家商业部评为"中华老字号"；2000 年 9 月经国家质量技术监督局批准，塔牌绍兴酒系列产品（花雕、加饭、善酿、香雪、元红）获准使用原产地域产品专用标志，并获得相关保护；2004 年又一次被评为"浙江省名牌产品"；2005 年，塔牌绍兴酒又获"国家免检产品"称号；《中国酒业》杂志汲取百家杰出代表，形成了"2020 年度中国酒业百强榜"，浙江塔牌绍兴酒有限公

塔牌绍兴黄酒

司入围百强，排名第四十位，公司旗下的 500 毫升塔牌 2013 本原酒入选"2020 年度中国酒业推荐产品"；2021 年，塔牌公司被认定为中国轻工业传统黄酒酿造工程技术研究中心，同年成为世界互联网大会乌镇峰会重要合作伙伴；2022 年，塔牌公司正式成为杭州 2022 年亚运会、亚残会官方供应商。

浙江塔牌绍兴酒厂以"精心酿名酒、企业创一流"为质量方针，坚持以传统工艺为特色，以先进的质量管理体系为保证，不断吸收现代科技优秀成果，提升绍兴酒的品质。

第十一章
踵事增华　成就辉煌

一碗黄酒，唤醒了一座老城。一碗金黄，点亮了一个城市。

黄酒哺育了一代又一代的绍兴人，千载时光，匆匆而过，承载着峥嵘岁月和难忘历史，也见证了沧海桑田和时代更迭。绍兴城，依然坚守着那一份淡然和从容。绍兴人对黄酒有着说不出的情感，黄酒精神早已深深融进绍兴人的血液里，坚定文化自信，担起黄酒飘向大江南北的光荣使命，是每一位绍兴人的自豪与骄傲。

有一种味道叫作黄酒的味道，有一种代言叫作为黄酒代言。

第一节　酒节

绍兴是国务院首批公布的 24 个历史文化名城之一。在千百年的历史长河中，文化和酒有着紧密的联系。1988 年 10 月，在西安举行了中国首届酒文化节。这是文化部、全国食品协会、酒文化研究会等单位联合举办的，有 50 多个城市参加，经过互相角逐、评比，绍兴被评为"中国酒文化名城"。同时评上的还有遵义市、宜宾市、泸州市、亳州市 4 个市，加上绍兴市，"中国酒文化名城"共有 5 个。西安被评为"中国酒文化古都"。从此，绍兴除了"历史文化名城"这样一个光荣称号外，还多了一个"中国酒文化名城"的美称。在中国首届酒文化节文化名酒评比中，绍兴市酿酒公司生产的"古越龙山"牌加饭酒、花雕酒、元红酒、善酿酒均荣获中国文化名酒金质奖牌。在包装、装潢大赛评选中，绍兴市酿酒总公司设计的绍兴花雕酒坛包装、装潢获全国酿酒行业中唯一的特等金牌奖，花雕、加饭酒组合和系列包装荣获包装大赛一等奖。绍兴酿酒总公司是这次酒文化节中获金牌最多的一家酒厂。

1990 年 4 月，刚结束了一年一次的书法节活动之后，酒乡绍兴又举行了另一个规模盛大的活动——"90 绍兴黄酒节暨春季商品交易会"，有 35 家酒厂参加了黄酒节成品展览，有 15 位国家级、部级品酒大师对绍兴黄酒各个品种做了品评，还举行了绍兴酒文化研究会，北京、上海、杭州等地专家、教授出席，会上宣读了 35 篇论文。有苏联、日本等国家和中国香港地区的贸易代表团来绍洽谈业务。黄酒节评出黄酒特等奖 7 个，一等奖 18 个，酒类包装评比一等奖 3 个，二等奖 4 个。与会人士一致认为绍兴的黄酒节有其独特的地理优势，盼望今后多多举办，办得更好。

第二节　非物质文化遗产

《绍兴黄酒酿制技艺》是国家首批非物质文化遗产保护项目。2006 年，国发〔2006〕18 号文正式公布首批国家级非物质文化遗产名录（共计 518 项），《绍兴黄酒酿制技艺》榜上有名。非物质文化遗产是我国文化遗产的重要组成部分，是我国历史的见证和中华文化的重要载体，蕴含着中华民族特有的精神价值、思维方式、想象力和文化意识，体现着中华民族的生命力和创造力。保护和利用好非物质文化遗产，对于继承和发扬民族优秀文化传统、增进民族团结和维护国家统一、增强民族自信心和凝聚力、促进社会主义精神文明建设都具有重要而深远的意义。

绍兴酿酒的历史非常悠久，有正式文字记载可追溯至春秋战国时期。绍兴酒是中国黄酒的杰出代表，根据所处位置及操作技巧不同，绍兴黄酒分"东帮"和"西帮"两大流派，绍兴黄酒产地主要分布在绍兴鉴湖水系区域，包括绍兴市越城区和上虞区东关镇。

发源于春秋，成形于北宋，兴盛于明清的绍兴黄酒酿制技艺是越地先民基于丰富实践经验转化而成的一种酿酒技巧和技能，经过千年演变和发展，不断改进和提高，出神入化，终成传世绝技。对于展现中华民族文化创造力以及传承中华民族宝贵历史文化遗产，具有较高的学术价值、历史价值、艺术价值和良好的经济价值。

1. 绍兴黄酒对展现中华民族文化创造力的杰出价值

绍兴地处钱塘江以南，远古时期的河姆渡文化和良渚文化在这里交汇、贯融，形成独特的"越文化"，从而成为华夏文明发祥地之一。绍兴的越文化可追溯至大禹文化及远古传说，在华夏文化和吴越文化中也有其重要的地位。绍兴黄酒酿造工艺在历史的发展过程中，不断演变，不断成熟，不但成为长江下游酒文化的杰作，也是整个长江文化、吴越文化乃至中国酒文化的骄傲。作为一种特殊的文化表现形式，绍兴酒文化是越文化的一个重要分支。作为长江下游一种传统的区域文化，越文化是在历史发展中由于特定的活动方式和思维方式积淀而形成的，有其显著性和典型性。特别是越地的民俗（包括酒情、酒俗、酒会）风情，作为越文化重要组成部分，更沿袭了古老吴越民族习俗文化的传统基因。无论是典籍上记载的古越人断发文身之类的原始风情，还是流传于后世的种种越地民情、礼俗等生活方式及民间信仰，均反映出古越人质朴悍勇、进取的心理特征以及稍带野性的精神气质。正因如此，古越文化与讲求礼乐文饰的华夏文明之间又存在着较大差异，且和邻近的吴文化亦有诸多不同。而绍兴独特的黄酒文化对越文化可谓影响深远。越王勾践以酒兴国，"卧薪尝胆"便是显著例子。在勾践的复国史中，酒成为一条贯穿始终的主线，从浙水送别酒、生育奖励酒、宫中韬晦酒、出师投醪酒直到文台庆功酒，酒构成了一部越国发愤图强的激昂乐章，成为历史的见证。越国的复兴也成为越酒文化辉煌的经典，并引导了越文化中心区域经久不衰的民风、民俗。而越酒对越地民俗、风情的演变所发挥的重要作用，也是使越地成为名士荟萃、才人辈出之地的重要原因，进而成为展现中华民族的创造力的杰出代表。

2. 绍兴黄酒在地方经济中的重要价值

绍兴黄酒酿造技艺是古越先民丰富经验和智慧的结晶，也是中华民族在几千年历史发展中积累起来的宝贵遗产和财富，其在学术、历史、艺术、经济等多个方面具有重要的地位和价值。

（1）学术价值 绍兴酿酒工艺融微生物学、有机化学、生物化学等多门发酵工程学科于一体，绍兴酒独特的"三浆四水"配方，开放式、高浓度发酵以及发酵产物中高含量的酒精，千年传承的小曲（酒药）保存方式，确保发酵正常的独特措施等，所有这些，是我们研究中国酿酒科技史的重要材料。深入研究这一展示越地民族乃至中华民族杰出创造力的精湛技艺，研究绍兴黄酒酿造工艺演变历史，对于揭示中华民族对酿造科学的认识进程和绍兴酒酿造的科学机理具有重要的学术价值。

（2）历史价值 绍兴酿酒在越地民俗、风情的演变并创造古越文化的辉煌方面，发挥着重要作用，具有重要的历史研究价值。如绍兴众多与酒有关的街名、山名、村名，便是对绍兴辉煌的酿酒史的有力见证。如绍兴城里的酒务桥，是五代时酒务司所在地；绍兴城南的投醪河，是当年越王勾践以酒投江，带师出征之地；禹陵边的酒缸山，山上有大小不同的三大块圆形巨石，倒置山间，形状酷似酒缸；还有，鉴湖镇中心的"壶觞"村是历代绍兴酒中心产地之一。所有这些，对于我们研究绍兴黄酒的历史渊源、有关绍兴酿酒的民俗风情具有重要的历史价值。

（3）艺术价值 酒里乾坤，壶中日月。绍兴人以酒为业，以酒为乐。酿酒、饮酒之风长盛不衰。祀祖、祝福、清明、端午、中秋、重阳等传统活动和节日都少不了酒，每遇赏心乐事，把酒临风，开怀畅饮已成习俗，从而在绍兴形成了一种独特的文化氛围，即酒俗。其代表便是有名的"曲水流觞"，这可以说是酒与艺术、崇智文化结合的最佳典范，并成为中国文化史"诗酒风流"的一道亮丽风景。特别是书圣王羲之借酒抒情，留下传世墨宝《兰亭集序》，充分彰显越文化之性灵取向。此外，南宋陆游，元末杨维桢、王冕，明代徐渭、张岱、王思任，直至清朝袁枚、龚自珍等的文学艺术作品，均有绍兴酒文化的促成之功。这也是绍兴酒的艺术价值之所在。

（4）经济价值 长期以来，绍兴黄酒一直是绍兴地方的传统支柱产业，在当地经济发展中发挥了重要作用，酿酒业属于劳动密集型产业，因此，绍兴酿酒业为当地解决了相当数量的劳动就业问题。此外，绍兴黄酒以糯米、小麦等纯粮酿造，从而可以有效促进当地农业生产发展，增加农民收入。再者，绍兴黄酒除满足国内市场需求外，同时出口日本、中国香港、东南亚和欧美等 30 多个国家和地区，为国家换取大量外汇。2008 年，绍兴市有黄酒从业人员 7000 多人，生产绍兴黄酒 45 万吨，年销售收入 35.7 亿元，出口黄酒 10000 多吨，创汇 2000 多万美元。

第三节 获奖经历

千百年来，绍兴酒虽历经沧桑，却长盛不衰，特别是自清朝末年以来，绍兴酒更是声名远播，香飘五洲。以下列举绍兴酒荣获的部分国际国内奖项：

- 1910 年，在南京举办的南洋劝业会上，谦豫萃、沈永和酒坊酿制的绍兴酒获金奖。

- 1915 年，在美国旧金山举行的巴拿马太平洋国际博览会上，绍兴云集信记酒坊（今会稽山绍兴酒有限公司前身）为绍兴酒获得第一枚国际金奖。

- 1929 年，在杭州举办的杭州西湖博览会上，沈永和酒坊的善酿酒获金奖。

- 1936 年，在浙赣特产展览会上绍兴酒获优等奖。

- 1952 年，在北京举行的第一届全国评酒会上，绍兴酿酒总公司（包括东风酒厂、沈永和酒厂）酿制的古越龙山牌（外销塔牌）加饭酒被评为"全国八大名酒之一"，获"国家名酒"称号。

- 1963 年，在北京举行的第二届全国评酒会上，绍兴酿酒总公司（包括东风酒厂、沈永和酒厂）酿制的古越龙山牌（外销塔牌）加饭酒被评为"全国八大名酒之一"，获金奖。

- 1979 年，在大连举行的第三届全国评酒会上，绍兴酿酒总公司（包括东风酒厂、沈永和酒厂）酿制的古越龙山牌（外销塔牌）加饭酒被评为"全国十八大名酒之一"，获金奖。

- 1983 年，在连云港由国家食品工业协会组织的全国评酒会上，绍兴酿酒总公司（包括东风酒厂、沈永和酒厂）酿制的古越龙山牌（外销塔牌）加饭酒获国家经委颁发的金奖，元红酒获银奖。

- 1984 年，在北京举办的轻工业部酒类大赛上，绍兴酿酒总公司（包括东风酒厂、沈永和酒厂）酿制的古越龙山牌（外销塔牌）加饭酒、元红酒均获金杯奖，善酿酒获银杯奖。

- 1985 年，在法国巴黎国际美食及旅游展品展览会上，绍兴酿酒总公司（包括东风酒厂、沈永和酒厂）酿制的古越龙山牌（外销塔牌）花雕酒获金奖。

- 1985 年，在西班牙马德里第四届国际酒及饮料博览会上，绍兴酿酒总公司（包括东风酒厂、沈永和酒厂）酿制的古越龙山牌（外销塔牌）加饭酒获金奖。

- 1986 年，在法国巴黎第十二届国际食品博览会上，绍兴酿酒总公司（包括东风酒厂、沈永和酒厂）酿制的古越龙山牌（外销塔牌）绍兴酒获金奖。

- 1988 年，在西安由中华人民共和国文化部、中华人民共和国轻工业部、中华全国供销合作总社、国家食品工业协会组织举办的首届中国酒文化节上，绍兴酿酒总公司（包括东风酒厂、沈永和酒厂）酿制的加饭酒、元红酒、善酿酒、花雕酒均获中国文化名酒奖，绍兴市被授予"中国酒文化名城"称号。

• 1989 年、1991 年，在北京举办的首届及第二届北京国际博览会上，绍兴酿酒总公司（包括东风酒厂、沈永和酒厂）酿制的会稽山加饭酒获金奖。

• 1994 年，在美国巴拿马万国名酒及饮料食品品评会上，绍兴东风酒厂酿制的会稽山牌加饭酒获特别金奖。

• 1994 年，在美国举行的巴拿马国际博览会上，绍兴酿酒总公司酿制的古越龙山牌加饭酒获特等金奖。

民国初年，浙江主政者巡按使屈映光曾题词绍兴谦豫萃酿酒坊，予以奖励。题词曰："饮人以和"，时为民国三年（公元 1914 年）10 月。1915 年，绍兴酒参加"巴拿马太平洋万国博览会"陈列，在对手如林的竞争中，绍兴酒首次在国际上打响，获巴拿马太平洋万国博览会金牌奖，为祖国争得了荣誉。1929 年 6 月 6 日至 10 月 10 日在杭州举行"西湖博览会"，绍兴酒荣获金奖。1936 年，举办"浙赣特产展览会"，绍兴酒又获金牌奖和优等奖状。这一次次获奖，使绍兴酒名声大增，饮誉海外，也促进了绍兴酒的进一步发展和提高。

1949 年中华人民共和国成立后，绍兴酒的酿制技术精益求精，酒的质量走上新的台阶。40 年来，共得国际金奖 4 个，国家金奖 3 个，银奖 1 个。一次被评为"全国八大名酒之一"，两次评为"全国十八大名酒之一"；获国家名酒称号；获部优产品奖 18 次，其中金杯奖 3 次，银杯奖 3 次；获省优产品证书 6 次。

进入 20 世纪 80 年代以来，为适应中外贸易发展的需要，绍兴酒还努力改进包装装潢，实现包装装潢的工艺化、礼品化、旅游化、系列化和多样化，发挥了很好的社会效益和经济效益。其中，绍兴市酿酒总公司的花雕酒多次荣获包装装潢奖。主要的有：1980 年，获"全国轻工业产品包装装潢优秀作品奖"。1981 年、1983 年、1987 年分别获得首届、第二届和第三届"华东地区装潢设计大奖"。1981—1987 年，连续 7 次荣获浙江省轻纺工业"四新"产品优秀设计奖。1988 年，在首届中国酒文化节包装装潢大赛中获特等金牌奖，在中国首届食品博览会上获金牌奖。1984 年和 1985 年绍兴市酿酒总公司还被全国包装大检查领导小组评为"勇于改进包装的先进单位"和"全国改进包装优秀先进单位"。

第四节　荣登国宴

在众多酒类名品的比较中，在人们长期的生活实践中，绍兴酒赢得了声誉。因此，自 1988 年起，我国正式将绍兴酒定为国宴用酒。其实，绍兴加饭酒、花雕酒作为中央的宴会或国宴上的用酒并不是从 1988 年开始的，而是很长时间了，只是到 1988 年我国礼宾改革时，才被国务院礼宾司正式定为国宴用酒，以招待外宾。绍兴酿酒总公司曾收到钓鱼台国宾馆 1988 年 12 月 14 日来文，内容如下：

绍兴黄酒被正式定为国宴用酒

由此，绍兴酒正式定为我国的国宴用酒，这是它不断进取，向新的高峰攀登的一个新起点。

第五节　G20 杭州峰会保障用酒

"最忆是杭州"，当 G20 邂逅杭州，浓郁的中国历史文化就弥漫在会场内外，浙江的企业家和设计师们独具匠心，将中西文化、古今元素，巧妙融合进会标、礼品、食物、服装等，献礼峰会，献礼世界。温润、醇厚的东方佳酿——古越龙山，也以精湛的酿造技艺、"工匠精神"，端出了让世人沉醉的美酒佳酿。2016 年，从古越龙山绍兴酒股份有限公司传来让人振奋的好消息，古越龙山被指定为 G20 杭州峰会保障用酒，前来参加峰会的各国嘉宾在尽情享用琥珀色的东方佳酿之余，也领略到浓浓的中国情意。据悉，古越龙山共有 8 款酒入选 G20 峰会保障用酒，包括五十年经典花雕酒、千福三十年陈花雕酒、青梅酒、桂花酒，以及大坛香雪酒。

此外，古越龙山还赞助 G20 峰会 6000 瓶 10 年陈花雕酒，并根据阿里巴巴总部要求，订制了一批特殊包装的 20 年陈礼盒黄酒。这些绍兴黄酒不仅酒香醇厚、品质优异，而且包装或典雅或清新或时尚，沉淀着中国数千年深厚的历史、文化底蕴。黄酒是我国独有的最古老的传统酒种，具有深厚的文化底蕴，浙江省更是将黄酒作为"历史经典产业"进行着力打造。绍兴黄酒是中国黄酒的杰出代表，典型的中国文化符号，能入选G20峰会保障用酒并不意外。古越龙山绍兴酒股份有限公司前董事长傅建伟曾透露，峰会订购的黄酒的整个生产、灌装、包装、运输过程都十分严格，市场监管、质监、公安、企业多方联动，实施全程监控，运送到杭州奥体博览城、楼外楼、黄龙饭店等40余个会馆及酒店，确保参会嘉宾品尝到顶级的绍兴黄酒。

第六节　展望未来

1. 酒好不怕巷子深

近些年来，黄酒发展缓慢，与其他酒类存在着显著差距，出口量甚至不足生产量的1%，黄酒市场一度处于艰难的境地。面对竞争对手的蓬勃发展与市场的冲击挤压，黄酒产业又该何去何从？

经历了千年时间的洗刷，面对市场销售难题，我们有足够的理由和信心相信黄酒产业能将品牌打响、将产业做大，经得起市场上各种风浪的考验，赢得起时代的严峻挑战。黄酒自身的品质和价值是取胜的根本前提和保障。

守正是促进黄酒稳步发展的重要要求。在不断变化的市场环境下，守住文化精髓"不变"，只有根基扎牢了，脚跟站稳了，黄酒的香气才会愈发纯正浓郁，故事也会越来越动人。一杯正宗的黄酒，其背后深藏的文化积淀、质朴的文化印记是独有的，区别于其他酒类的标志。若丢失了文化底蕴，黄酒产业便成为无源之水，无本之木。讲好黄酒故事就是将黄酒的本质放大。

论历史，黄酒，堪称所有酒的鼻祖。世界上最古老的酿酒技艺始于黄酒，是先人们智慧的结晶，珍贵的民族特产。

论口感，黄酒，细细品味，绵长而厚重。陈年老酒，唇齿留香。美酒佳酿，余韵悠长。并集饮用、保健功效于一体，是养生的最佳选择。

论工艺，"绍兴黄酒酿制技艺"作为国家第一批非物质文化遗产，具有深厚的文化底蕴，代表着中国的文化宝藏。

酒韵风华，代代传承。中国黄酒，从未输过，这是"黄酒底气"。黄酒在中国的地位特殊，必须提高大家对黄酒价值的认同感和归属感，保护好、传承好、发展好这一中国传统特产具有重要意义。

然而，守正不是守旧。守正的实质是取其精华，去其糟粕。要继承黄酒酿造的基本原理，并不断创造有利条件，酿造体现中华传统特色的黄酒。随着现代科技的高速发展，加快了落后工艺的淘汰和更新。手工化生产酿造存在着设备简陋、生产效率低、产品质量参差不齐等弊端，生产过程依赖于师傅个人经验，这些因素制约了黄酒产业的整体化发展。所以，机械化生产是必然的趋势。首先，要打破机械化生产不如手工化生产高端的固有认知。在传统生产工艺理论的基础上，与现代技术结合，坚定地走机械化生产道路，实现提高劳动生产力、便于科学管理的目的同时，保障和提高产品质量。

机械化的大门已被叩响。柯桥湖塘共有4万千升产能的黄酒自动化酿造生产线，10万千升产能的黄酒包装物流自动化项目落成。

就生产过程"前发酵"来说，传统生产在头耙后必须每隔四小时再打耙，发酵期为一星期。相比之下，机械化生产就要轻松许多。采用夹套罐发酵，可自行或定时开耙，并能保持温度在28~30℃，只需四天便可完成发酵。而且，冷冻和微滤的现代技术使黄酒的质量有了提升。

守正，就是在坚守和传承黄酒的初心和价值的前提下，利用现代化手段不断改良技术，酿出好酒，拥抱过去，迎接未来，将黄酒的醇香酿成永恒。

坚守和传承黄酒的初心

在当下，各行各业的核心竞争力都在于"创新"，乐于创新、善于创新、勇于创新是引领黄酒快速发展的第一动力，是促使黄酒产业兴旺发达的力量源泉。正所谓，大破大立。唯有坚决摒弃落后的、传统的观念，敢于跳出常规的、固有的模式，用力打破局限的、守旧的枷锁，并以科技创新、与时俱进为核心全面创新发展，走思维创新、品牌创新、技术创新之路，为黄酒发展不断注入新活力，跟上新时代。

坚持文化创新，大力弘扬黄酒文化，丰富黄酒文化内涵，彰显黄酒文化价值。绍兴政府投资320亿元打造东浦黄酒小镇，建设全国最大的智能化黄酒生产基地，并连续26年举办"绍兴黄酒节"，将黄酒文化产业与旅游产业深度融合、推出黄酒文创产品等一系列措施，形成酿酒、旅游、农业产业链，吸引外地游客，与消费者积极开展互动，促进经济发展。

坚持策略创新，积极探索推出新的解决方案，开拓黄酒市场，适应黄酒产业的消费格局的变更。研究报告显示，黄酒的消费人群渐趋年轻化，90后及95后成为市场消费主力军，其多样化、个性化的消费需求深刻影响着黄酒产业的消费格局。推出"不上头"黄酒、国酿1959高端黄酒、低度黄酒等多品种，完美解决传统黄酒"后劲大""易深醉"的缺陷，发挥度数低、高营养、含有保健功能的优势，实施差异化战略的同时也有效地应对同质化问题。这场属于黄酒的饕餮盛宴中，黄酒向人们展示了敢于接受新思想、敢于变革的积极主动的姿态，真正做到了解消费者、懂得消费者。黄酒还主动与棒冰、奶茶、巧克力、面膜等多元素碰撞结合，以大众所喜闻乐见的新面孔亮相，开启时尚的新纪元，掀开了"返老还童"的新篇章。

坚持科技创新，将先进的现代技术进行推广应用，并加大科研项目投入，吸引大批研究型和技术型的人才，对黄酒的基础功能、发酵机理、食品安全等多方面进行研究。加强与科研单位合作，建立新项目，研发新品种，开发新技术，改进工艺设备，掌握核心技术，科学完善绍兴酒的酿造工艺，并对曲、菌种进行改良，攻克黄酒的沉淀问题、储存问题、陈化难题等。以计算机应用技术为依托，综合分析市场需求变化，构建检测体系，如绍兴黄酒特征指纹图谱、绍兴黄酒酒体特征成分剖析等，为黄酒事业插上腾飞的翅膀。

中国黄酒，创新则兴。融合，是提升黄酒企业竞争力的重要途径，是实现黄酒高质量发展的必经之路。正确把握"变"与"不变"的关系，将经典与时尚相融合，继承与发展相统一，打破传统与创新之间的壁垒，加快黄酒产业融合发展。要想发展仅依靠继承是远远不够的，在前进的路上多一点创新，少一点模仿；多一点交流，少一点沉默；多一点勤恳，少一点懈怠，方能在酒业市场成功激起水花。

守正是上色，创新是润色，融合是调色。三管齐下，谋求黄酒产业突破性发展。

从黄酒发展历程纵向来看，黄酒的光芒是历久弥新的。黄酒，已蓄势待发，等待我们的是黄酒产业重整旗鼓、扭转局面后的一场华丽转身与壮丽回归。悠久绵长的黄酒文化，在传统与现代的激烈碰撞后，寻得正确方向，必将奔腾不息，奔向世界，奔向未来。

2. 酒好也怕巷子深

如今，尽管黄酒被冠以"国酒"头衔，享有"液体黄金"的盛誉，但如果故步自封、止步不前，最终只会被市场湮没，被时代冷落。横向来看，与啤酒、葡萄酒等企业相比，黄酒除了在技术改革、设备更新、产品开发等方面存在着巨大不足外，经营观念、管理制度、市场运作落后也严重阻碍了企业的快速发展。另一方面，黄酒在国内外酒业市场占比份额小，在酒类中缺乏地位，竞争优势不明显。在激烈的市场背景下，黄酒产业该怎样突出重围，应对销售危机，在市场竞争中取胜，需要我们深入探讨。

首先，要树立"逆水行舟，不进则退"的忧患意识，对市场意识、品牌意识具有深刻觉醒与领悟。扛起中国黄酒复兴的这面大旗的道路任重而道远。好酒需要好品牌的加持，好品牌离不开好的市场营销，拥有良好的市场环境为黄酒产业复兴保驾护航。在竞争白热化的市场面前，实施"酒好也要勤吆喝"的营销策略，重视品牌建设与文化建设，将缤纷绚丽的黄酒文化融入企业文化中。

注重品牌培养，突出文化特色，讲好品牌故事，宣传企业理念，开辟黄酒的新天地。此外，塑造良好的企业形象，提高产业的影响力和知名度，正确谋划好前进方向，以适应黄酒的发展趋势，加快企业改革和发展的步伐。

从 2020 年到 2023 年，绍兴市黄酒行业在全国黄酒市场中保持了重要地位。2020 年，全国黄酒销售收入为 134.68 亿元，绍兴黄酒销售收入为 47.63 亿元，占比 35.36%，利润总额为 6.81 亿元，占全国黄酒利润总额的 39.96%。2021 年绍兴黄酒销售收入增长至 55.37 亿元，占全国黄酒销售收入的 43.54%，利润总额为 8.16 亿元，占全国的 48.74%。2022 年，全国黄酒销售收入约 138 亿元，绍兴黄酒销售收入约 53.5 亿元，占比 38.77%，利润总额约 8.5 亿元，占比 47.22%。到 2023 年，全国黄酒销售收入增至约 141 亿元，绍兴黄酒销售收入约 56 亿元，占比 39.72%，利润总额约 9 亿元，占比 47.37%。

这些数据表明，绍兴黄酒在全国市场中的份额和利润贡献稳步增长。展望未来，为了进一步提升市场竞争力，绍兴黄酒行业应积极拓宽销售渠道，充分利用互联网和大数据技术，与电商平台合作，优化供应链并提供个性化服务，以满足消费者多样化的需求。

其次，必须重视年轻的消费群体，黄酒市场主动向新兴消费群体扩张，注入时尚元素，引领消费新风尚，以适应时代新潮流。增添黄酒的亲和力，既能"高大上"又能"接地气"，做到高端而不高冷，上得了门面，又可日常小酌。不断激发市场活力，突破销售瓶颈，让黄酒产业重焕生机，永葆青春。

越是民族的，越是世界的。在全球化浪潮下，黄酒市场不能缺席。大力实施"走出去"战略，借助"一带一路"的东风，打开国际市场，向全世界拓展，优化产业布局，构建新格局，向全世界展示中国黄酒的魅力。与此同时，依据本土化模式，对黄酒营销战略适当进行调整，迎合西方消费者的口味，符合当地特色。

充分发挥黄酒行业协会的作用，增强行业服务和管理能力，健全规范内部运作机制，加强黄酒市场监管，维护黄酒企业合法权益，杜绝商标侵权行为，严重打击损害黄酒声誉的行为，确保黄酒产业协调高效发展。

近年来，众多大型黄酒企业致力于民族产业的振兴和黄酒文化的传播，面向全国营销宣传，走进央视、香港凤凰卫视，并加大网络推广力度，动漫、植入式广告、微电影、歌曲等营销方式层出不穷，表现企业对黄酒振兴的决心和努力。世界舞台也多次展现黄酒的身影，共同见证黄酒故事的光辉与荣耀。古越龙山绍兴黄酒在登上白宫国宴、第二届世界互联网大会后，再次参与 G20 杭州峰会；会稽山绍兴酒则成功出征了 2015 年米兰世博会，成为金牌赞助商，作为中国首家参展企业，再续百年世博梦，中国企业在黄酒香飘世界的道路上将更加坚定与自信。

星移斗转，岁月漫漫，共同见证了绍兴黄酒的光辉灿烂和广阔的发展前景。中华人民共和国成立后，绍兴黄酒被誉为全国"八大""十八大"名酒之一，已然成为中国黄酒中当之无愧的代表。绍兴黄酒发展之路虽崎岖坎坷，但黄酒企业在曲折中前行，在挫折中不断成长，一步步登上新的台阶，扩大品牌影响力，赢得国内外市场的青睐。经历了无数的风雨磨砺，绍兴黄酒早已具备迎难而上、应对难题的能力，没有什么能阻挡黄酒企业前进的步伐。困难与机遇并存，挑战与希望同在，绍兴黄酒仍将继续发挥地理优势、品牌优势、品质优势，砥砺前行，再续辉煌。在广袤而肥沃的土地上，播下"黄酒"的种子，并用创新浇灌，以科技耕耘，终将迎来黄酒收获的季节。

参考文献

［1］李日华. 紫桃轩杂缀［M］. 明代.

［2］佚名. 世本·作篇［M］. 战国时期.

［3］吕不韦. 吕氏春秋［M］. 秦朝.

［4］班固. 汉书·食货志［M］. 东汉.

［5］佚名. 吴越春秋［M］. 不详.

［6］许慎. 说文解字［M］. 东汉. 北京：中华书局，1963.

［7］段玉裁. 段注说文［M］. 清代. 北京：中华书局，1981.

［8］嵇含. 南方草木状［M］. 晋代. 上海：上海古籍出版社，1983.

［9］萧绎. 金楼子［M］. 南朝梁. 北京：中华书局，1985.

［10］颜之推. 颜氏家训［M］. 北齐. 北京：中华书局，1981.

［11］周密. 武林旧事［M］. 南宋. 杭州：浙江古籍出版社，2000.

［12］张能臣. 名酒记［M］. 宋代. 北京：中华书局，1985.

［13］陶元藻. 广金稽风俗赋并序［M］. 清代. 南京：江苏古籍出版社，1988.

［14］梁章钜. 浪迹三谈［M］. 清代. 北京：中华书局，1982.

［15］袁枚. 随园食单［M］. 清代. 上海：上海古籍出版社，1983.

［16］绍兴县志编纂委员会. 绍兴县志［M］. 北京：方志出版社，1998.

［17］佚名. 中国名酒分析报告［R］. 北京：中国轻工业出版社，1952.

［18］周清. 绍兴酒酿造法之研究［M］. 民国时期. 上海：商务印书馆，1923.

［19］绍兴县志编纂委员会. 会稽县志［M］. 康熙年间. 北京：中华书局，1975.

［20］绍兴府志编纂委员会. 绍兴府志［M］. 北京：方志出版社，1998.

［21］周辉. 清波杂志［M］. 宋代. 上海：上海古籍出版社，1984.

［22］冯时化. 酒史［M］. 明代. 南京：江苏古籍出版社，1988.

［23］徐国伟. 绍兴酒的酿造与鉴湖水的关系［J］. 中国酿酒工业，2009，12：45-50.

［24］李东阳. 糯米在绍兴黄酒中的应用研究［J］. 粮油食品科技，2010，8：30-35.

［25］陈志勇. 麦曲的酿造工艺及其在黄酒中的作用［J］. 中国发酵工业，2011，7：58-64.

［26］吴华清. 黄酒酿造工艺的发展与传承［J］. 中华文化杂志，2008，5：88-92.

［27］王志强. 绍兴黄酒现代机械化酿造的探索与实践［J］. 中国酿酒科技, 2012, 3：22-28.

［28］张丽娟. 绍兴黄酒副产品的综合利用研究［J］. 食品工业科技, 2009, 9：101-105.

［29］容庚, 张维技. 殷周青铜器通论［M］. 北京：文物出版社, 1980.

［30］陈万里. 越窑与秘色瓷［M］. 上海：上海书店, 1957.

［31］王世襄. 明代民间工艺［M］. 北京：生活·读书·新知三联书店, 2005.

［32］马思聪. 中国酒器史［M］. 上海：上海古籍出版社, 1990.

［33］李雪, 张峰. 黄酒与养生：古今探讨［M］. 北京：中国轻工业出版社, 2021.

［34］张伟. 酒与健康：中医药的视角［M］. 北京：中国轻工业出版社, 2014.

［35］陈学本. 绍酒加工技术史［M］. 上海：上海科学技术出版社, 2005.

［36］施学仁, 谢志忠. 黄酒科学［M］. 北京：化学工业出版社, 2006.

［37］周敦友, 蒋大祥. 酒文化学［M］. 上海：上海交通大学出版社, 2007.

［38］李大庆. 中国黄酒工艺与品鉴［M］. 南京：江苏科学技术出版社, 2009.

［39］王志远. 酒文化与历史［M］. 北京：中国轻工业出版社, 2008.

［40］施建华. 越酒文化［M］. 上海：上海人民出版社, 2005.

［41］陈志良. 绍兴黄酒历史文化研究［M］. 杭州：浙江大学出版社, 2006.

［42］胡适. 中国古代祭祀礼仪研究［M］. 北京：中国社会科学出版社, 2010.

［43］刘大白. 近现代中国诗歌选集［M］. 上海：上海文艺出版社, 2011.

［44］李季. 中国戏曲文化［M］. 北京：中国戏剧出版社, 2007.

［45］张国良. 古代酒礼与文化［M］. 南京：江苏人民出版社, 2009.

［46］魏丽萍. 中国古代饮酒风俗研究［M］. 北京：北京大学出版社, 2010.

［47］范文澜. 中国通史［M］. 北京：人民出版社, 1981.

［48］钱君匋. 回忆章锡琛先生［J］. 书法, 1987, (8)：50-53.

［49］楼明. 题贺监像［J］. 文史哲, 1993, (4)：40-45.

［50］刘大白. 中国近代名人传记［M］. 上海：上海文艺出版社, 1989.

［51］陈寅恪. 宋代文学与社会［M］. 北京：商务印书馆, 1961.

［52］王定保. 唐摭言［M］. 上海：古籍出版社, 1958.

［53］许寿裳. 鲁迅传［M］. 北京：三联书店, 1981.

［54］郑振铎. 中国文学史［M］. 上海：商务印书馆, 1938.

［55］孙中山. 孙中山全集［M］. 北京：中华书局, 1982.

［56］沈家骏, 潘之良. 闲话鲁迅和泰牲酒店［J］. 鲁迅研究月刊, 1992, (10)：15-18.

［57］楼明. 鉴湖水质研究［J］. 浙江环境科学, 1983, 4 (3)：25-29.

［58］王献之. 会稽记［M］. 上海：上海古籍出版社, 1986.

［59］范文澜. 中国通史［M］. 北京：人民出版社, 1981.

［60］梁章钜. 浪迹续谈［M］. 北京：中华书局, 1958.

［61］郭沫若. 中国古代文化史［M］. 上海：上海文艺出版社, 1989.

［62］吴越春秋［M］. 北京：中华书局, 1957.

［63］袁宏道. 山阴道［M］. 南京：江苏古籍出版社, 1990.

［64］绍兴市质量技术监督检测院. 鉴湖水质分析报告［R］. 绍兴：绍兴市质量技术监督检测院, 2002.

［65］许寿裳. 鲁迅传［M］. 北京：三联书店, 1981.

［66］徐锡麟. 绍兴酒文化研究［J］. 中国酒文化, 1995, 2（1）：10-15.

［67］绍兴市酿酒总公司. 绍兴黄酒工艺与发展史［M］. 杭州：浙江大学出版社, 1995.

［68］绍兴市志编纂委员会. 绍兴市志［M］. 北京：方志出版社, 2000.

［69］王德明, 李家寿. 绍兴黄酒生产技术与管理［J］. 中国酿酒, 1987, 6（3）：45-50.

［70］刘金柱. 科技兴厂：绍兴黄酒的现代化之路［J］. 黄酒科技, 1989, 8（4）：12-15.

［71］王学东. 绍兴酒的历史与未来［J］. 中外酒业, 2002, 11（1）：34-38.

［72］浙江省经济委员会. 浙江省名优黄酒企业发展报告［R］. 杭州：浙江省经委, 2005.

［73］古越龙山绍兴酒股份有限公司. 古越龙山的发展历程与市场拓展［M］. 上海：上海交通大学出版社, 2008.

［74］绍兴市档案局. 绍兴黄酒企业档案资料选编［C］. 绍兴：绍兴市档案局, 2010.

［75］会稽山绍兴酒有限公司. 会稽山黄酒：从传统到现代［J］. 浙江酒业, 2016, 4（2）：22-25.

［76］浙江塔牌绍兴酒有限公司. 塔牌绍兴酒的品牌塑造与市场定位［J］. 中国食品工业, 2020, 9（3）：67-70.

［77］绍兴市文化广电新闻出版局. 绍兴黄酒文化［M］. 杭州：浙江大学出版社, 2010.

［78］中国绍兴黄酒集团有限公司. 绍兴黄酒与非物质文化遗产［M］. 上海：上海交通大学出版社, 2008.

［79］王德明. 中国黄酒发展史［J］. 中国酿酒, 1988, 7（3）：40-45.

［80］刘金柱. 绍兴黄酒的酿造工艺与文化价值［J］. 中外酒业, 2005, 11（2）：30-34.

［81］朱传声. 绍兴黄酒的历史与未来［J］. 浙江酒业, 2002, 8（4）: 22-25.

［82］中国非物质文化遗产研究中心. 绍兴黄酒与中华文化［M］. 北京: 中国社会科学出版社, 2012.

［83］古越龙山绍兴酒股份有限公司. 古越龙山与国际黄酒市场［M］. 北京: 商务印书馆, 2015.

［84］会稽山绍兴酒有限公司. 绍兴酒的国际化历程［J］. 浙江酒业, 2017, 5（3）: 45-50.

［85］傅建伟. 绍兴黄酒在 G20 峰会的应用及影响［J］. 中国酿酒, 2016, 9（2）: 18-22.

［86］张伟. 黄酒的现代化生产与市场推广策略［J］. 酒类科学, 2021, 14（5）: 55-60.

后　记

黄酒，一言以蔽之，可用"美""纯""深"三字进行概括。

黄酒之"美"，在于黄酒的色、香、味俱全，给人以优雅、高贵、端庄之感。酒体清澈透明，晶莹剔透，泛着琥珀的光泽。入口鲜，一丝丝苦涩后是沁人心脾的甜，顺滑爽口，愈喝愈香，以天上的琼浆玉液比喻也不为过。

黄酒之"纯"，在于黄酒从一滴水到一壶酒的纯粹。黄酒是粮食的精华。七月制酒药到立冬投料见证了师傅们不分日夜的悉心呵护，立冬到次年立春见证了大自然巧夺天工的造化。酿造出一坛上乘的正宗黄酒要经得起时间的打磨，安静地度过一个个春夏秋冬。

黄酒之"深"，在于黄酒承载着千年的文化，底蕴深厚，影响深远。绍兴古城与黄酒相互交融，绍兴优越的地理环境孕育了醇厚的黄酒，绍兴城被古老的黄酒文化所包围。白墙黑瓦是绍兴古城的缩影。在醇香四溢的黄酒面前，时间也有了醉意。优哉游哉的绍兴，如此甚好。

黄酒之于绍兴人，是家的味道，亦是家的象征。黄酒早已是人们生活中无法分割的一部分，对它有着特殊的情感。一方水土养一方人，黄酒如甘泉般滋养着绍兴土地，浸润着绍兴人的心田，绍兴黄酒孕育了一代代儒雅随和的绍兴人，并塑造了中庸厚道的性情品质。鲁迅先生爱喝黄酒，笔下的阿 Q、孔乙己也都爱喝黄酒。若没了黄酒，先生笔下的绍兴恐怕也会逊色三分。

酒与文化不容分割。绍兴仅仅有酒是远远不够的，还要将文化与其相交融。若在饮酒时，只是下菜用，面对黄酒文化，只作欣赏，甚至将其束之高阁，那么黄酒文化又谈何复兴，产业又谈何发展？

当下，黄酒市场一度陷入尴尬的境地，葡萄酒等众多洋酒推开了中国市场的大门。它们在进军中国市场的同时，还大肆宣扬葡萄酒文化、酒庄文化。一时之间，人们对洋文化趋之若鹜，纷纷热衷于研究洋酒，掀起了品鉴洋酒的热潮，对待民族瑰宝，却独独少了一份兴趣与热情。这对于传统黄酒的市场地位而言，无疑产生了巨大的冲击。然而，黄酒产业本身对黄酒文化的宣传也并不到位，消费黄酒的氛围欠缺，严重禁锢了黄酒的发展。因此，我们要在黄酒文化宣传上下足功夫，激活黄酒发展潜力，突破发展瓶颈，让文化与黄酒一同走出国门，吸引中外游客。

当然，若只是宣扬黄酒文化，仍难以实现黄酒的复兴。仅把黄酒文化当作一种象征，一种符号，大众无法与之产生共鸣，虽心有向往却有了疏离感，这是黄酒文化的悲哀。

自古以来，酒文化，并不是一门奢侈、小众的学问，它恰恰是所有文化中最亲切的，最有温度的，也最"接地气"的。真正的酒文化是雅俗共赏的。酒，是充满烟火气的平常事，也是"风花雪月诗酒歌"中的雅事。

人们酿酒，饮酒，也用黄酒来烹饪。虽说"开门七件事，柴米油盐酱醋茶"中并无酒，但在现实生活中人们早已离不开酒，黄酒在去腥调味中极具妙用。"醉蟹"是绍兴的一道名菜，肉质肥美，酒香浓郁。其中，黄酒功不可没。除了醉蟹、醉虾，绍兴人也颇爱在家常菜里加上几勺黄酒，使得菜肴变得鲜香可口，让人大饱口福。

黄酒完成酿造后剩下的渣滓，大家都舍不得丢弃，还为其取名为"糟"。每逢过年，绍兴的老百姓便开始做起了"糟货"。糟肉，不油不腻，又香又糯。孩子们爱吃糟肉，老人爱喝黄酒。热情好客的绍兴人，用黄酒宴来待客最合适不过。觥筹交错、杯光酒影间，见证了"醉卧沙场君莫笑"的家国情思，抚慰了多少"把酒问青天"的思乡情结，表达了多少"劝君更尽一杯酒"的不舍惜别，抒发了多少"举杯邀明月"的孤独寂寥。酒中包裹着文人骚客的诗情画意，一杯酒，道尽无限思念、祝福与期盼。

把月光装进酒杯，将桂花煮进酒里，用诗词来下酒，味道更甘，也更香。

茶有道，酒亦有趣。酒俗、酒令、酒礼富有趣味，并具中国特色，它们的形成和发展造就了独特的风雅文化。

酒文化与人们息息相关。黄酒文化的传承是一个连续的过程，文化与黄酒的发展不可出现断层。当代的我们亦可与诗酒相伴，酌饮的是酒，吟诵的是诗，品鉴的是文化，感悟的是人生，达到"诗中有酒，酒中有诗"的境界。

黄酒文化是黄酒产业的血液，深耕黄酒文化，彰显黄酒文化自信，并将其真正渗透到人们的生活中，达成黄酒共识，是实现黄酒复兴的出路。只有让人们对黄酒文化产生认同感，那么自然也会主动去品尝黄酒、鉴赏黄酒。我们需要全力以赴，担负黄酒复兴的重任，突破黄酒复兴的困境，实现酒文化与酒产业同频率共发展，让"汲取门前鉴湖水，酿得绍酒万里香"的歌谣在绍兴的土地上继续飘扬。

黄酒产业发展还有着极大的提升空间，在把黄酒产业做大、做强的基础上，还必须壮大黄酒的文化根基。我们应将黄酒文化落到实处，化无形为有形，深度挖掘黄酒文化的价值，准确定位发展方向，系统地、全面地将文化产业与酒产业融合发展。酿出富有绍兴特色的黄酒，老百姓们都爱喝的黄酒，并讲好黄酒故事，在神州大地上描绘出一道源远流长、醇厚凝香的黄酒文化风景线。